安格斯牛

日本和牛

西门塔尔牛

短角牛

秦川牛

晋南牛

南阳牛

鲁西牛

延边牛

麦秸氨化处理

青贮秸秆粉碎

敞棚式肉牛
育肥舍

科技兴农富民培训教材

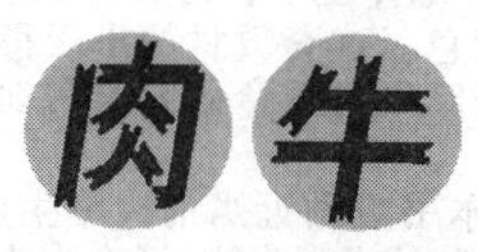

# 肉牛 高效养殖教材

（第二版）

编著者
曹玉凤　李秋凤　高玉红　张文秋
张　杰　王晓玲　李晓蒙　杜柳柳

金盾出版社

## 内 容 提 要

为了贯彻党中央关于加强农民技术培训的指示精神，帮助农民更好地依靠科技致富奔小康，金盾出版社与河北农业大学科教兴农培训中心共同策划，选择农民致富最常见的农业技术项目，约请热心农技推广的专家、教授编写、出版了这套"科技兴农富民培训教材"，共20分册。该套教材从现阶段农村技术需求和农民的文化技术基础出发，较好地体现了农村短期技术培训的特点和金盾版农业图书通俗、实用、价廉的特色。这套教材的出版得到了河北省扶贫开发办公室和联合国教科文组织国际农村教育研究与培训中心的热情支持。

本书是这套培训教材的一个分册，为使本书更贴近当前肉牛生产实际，作者对全书作了修订，较原版图书内容更全面、技术更先进，适合作为科技下乡的培训教材和农民自学读本。

**图书在版编目(CIP)数据**

肉牛高效养殖教材/曹玉凤等编著.—2版.—北京:金盾出版社，2014.3(2018.1重印)
(科技兴农富民培训教材)
ISBN 978-7-5082-9133-8

Ⅰ.①肉…　Ⅱ.①曹…　Ⅲ.①肉牛—饲养管理—技术培训—教材　Ⅳ.①S823.9

中国版本图书馆CIP数据核字(2014)第005811号

**金盾出版社出版、总发行**
北京市太平路5号(地铁万寿路站往南)
邮政编码:100036　电话:68214039　83219215
传真:68276683　网址:www.jdcbs.cn
封面印刷:北京军迪印刷有限责任公司
彩页正文印刷:北京天宇星印刷厂
装订:北京天宇星印刷厂
各地新华书店经销

开本:850×1168 1/32　印张:3.75　彩页:4　字数:81千字
2018年1月第2版第10次印刷
印数:62 001～65 000册　定价:15.00元

# 致　辞

世界二分之一以上的人口以及三分之二以上的贫困人口生活在农村地区。中国是世界上农业人口最多的国家，据2000年11月1日普查，乡村人口占63.91%。中国政府始终把农民脱贫致富看做是关系到国民经济能否持续、稳定发展的大问题。

近几十年来，中国农村中小学教育的发展，使农村劳动力的受教育水平有了显著的提高，但与城市居民相比，中国农民受教育程度总体上还不高，科学文化素质较低。随着农业经济的发展，农民迫切希望获得有关经济作物种植技术、农产品加工、家畜饲养等多方面的科技知识。而那些渴望摆脱贫困走向富裕的农民，更是急切地企盼通过便捷的学习新科学技术的途径，迅速发家致富。但他们缺乏与农业技术推广部门的沟通，也很少有机会得到专项培训和与公共服务部门的接触。

当前中国农业推广事业的发展，还没能使技术在农民增收中发挥最大作用，“科技兴农富民培训教材”系列图书的出版，为农民培训提供了丰富而可供选择的教材，使广大农民能够从中学到既先进又实用的新知识、新技术、新信息，这是一件提高农民素质，引导农民科学经营农业，不断增加收入的基础性、公益性益举。

国际农村教育研究与培训中心是中国政府和联合国

教科文组织合作建立在中国的国际教育机构。自 1994 年成立以来，始终致力于农村教育思想、方法、技术的国际研究与传播，促进教科文各会员国之间对农村地区人力资源开发政策和战略的磋商与合作。河北农业大学科教兴农中心一直是我们密切合作的伙伴。他们情系农民、农村，心系农业创新与发展，始终如一。现在他们组织的“科技兴农富民培训教材”出版了，可喜可贺。愿该系列图书不仅给中国也给其他可适用国家和地区的农民带来切实的经济效益。

联合国教科文组织
国际农村教育研究与培训中心

# 序

当前，我国已经进入建设全面小康社会和加快推进社会主义现代化建设新的历史时期。解决好"三农"问题，直接关系经济社会的持续、快速、健康发展。党中央、国务院高度重视"三农"工作，把解决好"三农"问题作为全党和全部工作的重中之重，制定了一系列惠农政策，实行城乡统筹，加大对"三农"的投入力度。

农民增收是"三农"问题的核心。增加农民收入，必须大力拓宽农民就业渠道，加快农民向非农产业转移步伐，逐步减少农民数量。加强农民培训，使广大农民尽快掌握科技文化知识和生产技能，提高农民素质，是扩大农民就业、实现农民增收的重要途径。当前，科技发展日新月异，科技进步对推动经济社会发展的作用日趋突出。增强农业农村经济市场竞争力，推进农村小康建设，必须加大农业科技推广力度，促进科技进村入户，提高农民运用科技增收致富的本领。

河北省扶贫开发办公室和河北农业大学联合组织编写的这套《科技兴农富民培训教材》系列丛书，以培训农民为对象，以种植业、养殖业致富实用技术为重点，通俗易懂，简便易行，针对性、实用性、可操作性都很强，是农民脱贫致富的金钥匙。丛书的出版发行,对我省农业、农村经济发展必将起到有力的推动作用。

预祝“丛书”的出版发行取得圆满成功。

宋恩华

注:宋恩华同志现任河北省人民政府副省长

# 科技兴农富民培训教材编辑委员会

**第一章　主要的肉牛品种**……………………………………（1）
一、肉牛及兼用牛品种 ……………………………………（1）
（一）夏洛莱牛……………………………………………（1）
（二）利木赞牛……………………………………………（1）
（三）海福特牛……………………………………………（2）
（四）安格斯牛……………………………………………（2）
（五）皮埃蒙特牛…………………………………………（2）
（六）西门塔尔牛…………………………………………（3）
（七）日本和牛……………………………………………（3）
（八）夏南牛………………………………………………（4）
（九）延黄牛………………………………………………（4）
二、中国黄牛 ……………………………………………（5）
（一）秦川牛………………………………………………（5）
（二）晋南牛………………………………………………（5）
（三）南阳牛………………………………………………（6）
（四）鲁西黄牛……………………………………………（6）
（五）延边牛………………………………………………（6）
三、提高我国黄牛生产性能的杂交改良措施 ……………（7）
（一）杂交改良的目的和优点……………………………（7）

(二)肉牛杂交改良的方法 …………………………………………… (8)

**第二章 肉牛的繁殖技术** ……………………………………… (12)

一、母牛的发情及鉴定……………………………………………… (12)

(一)母牛的初情期与性成熟 ……………………………………… (12)

(二)母牛的发情规律 ……………………………………………… (12)

(三)母牛的发情鉴定 ……………………………………………… (13)

(四)母牛的异常发情 ……………………………………………… (15)

二、母牛的人工授精技术…………………………………………… (15)

(一)人工授精的优点 ……………………………………………… (16)

(二)冷冻精液的选购和保管 ……………………………………… (16)

(三)准确掌握输精适期 …………………………………………… (17)

(四)输精操作基本步骤 …………………………………………… (18)

三、母牛的妊娠与分娩……………………………………………… (19)

(一)母牛的妊娠诊断 ……………………………………………… (19)

(二)母牛的分娩与助产 …………………………………………… (20)

四、提高母牛繁殖力技术…………………………………………… (22)

(一)母牛繁殖力的概念 …………………………………………… (22)

(二)衡量母牛繁殖力的主要指标 ………………………………… (22)

(三)基本技术 ……………………………………………………… (23)

**第三章 肉牛的饲料** …………………………………………… (24)

一、肉牛常用饲料及加工处理……………………………………… (24)

(一)粗饲料及其加工处理 ………………………………………… (24)

(二)精饲料及其加工处理 ………………………………………… (38)

(三)矿物质饲料 …………………………………………………… (43)

(四)饲料添加剂 …………………………………………………… (44)

二、肉牛饲料的使用技术…………………………………………（46）
(一)肉牛预混料使用技术 ……………………………………（46）
(二)肉牛浓缩饲料使用技术 …………………………………（47）
(三)肉牛精料补充料使用技术 ………………………………（47）
**第四章　肉牛的饲养管理与育肥技术** ………………………（48）
一、肉牛的饲养管理技术…………………………………………（48）
(一)犊牛的饲养管理技术 ……………………………………（48）
(二)育成牛的饲养管理技术 …………………………………（53）
(三)母牛的饲养管理技术 ……………………………………（56）
二、肉牛的育肥技术………………………………………………（62）
(一)育肥牛的一般饲养管理技术 ……………………………（63）
(二)肉牛育肥方法与技术 ……………………………………（65）
(三)高档牛肉生产技术 ………………………………………（78）
**第五章　肉牛的卫生防疫措施** ………………………………（84）
一、建立卫生消毒制度……………………………………………（84）
(一)消毒剂 ……………………………………………………（84）
(二)消毒方法选择 ……………………………………………（84）
(三)消毒制度 …………………………………………………（85）
二、建立系统的防疫、驱虫制度 …………………………………（86）
(一)疾病报告制度 ……………………………………………（86）
(二)新引入肉牛和病牛隔离制度 ……………………………（86）
(三)严格消毒与杀虫制度 ……………………………………（87）
(四)定期进行预防接种制度 …………………………………（87）
(五)定期驱虫制度 ……………………………………………（88）
(六)药物预防 …………………………………………………（88）

三、疫病扑灭措施 …………………………………… (90)
**第六章　肉牛舍建造与设施** ………………………… (92)
一、庭院肉牛舍建造 …………………………………… (92)
(一)单间棚式牛舍 ………………………………… (92)
(二)单列式牛舍 …………………………………… (92)
二、规模化肉牛场的建造 ……………………………… (94)
(一)场址的选择与布局 …………………………… (94)
(二)牛舍的建造 …………………………………… (95)
(三)养牛设施 ……………………………………… (99)

# 第一章　主要的肉牛品种

不同的肉牛品种，在生长速度、饲料转化率和肉的品质等方面，存在着差异，其饲养管理水平也不同。因此，养殖户了解一些肉牛品种方面的知识，对提高养殖效益非常有利。

## 一、肉牛及兼用牛品种

### （一）夏洛莱牛

**1. 原产地**　原产于法国的夏洛莱地区和涅夫勒省。属大型肉牛品种。

**2. 体型外貌**　被毛为乳白色，头短而较小，角为白色，颈粗短，胸深宽，背长平宽，臀部肌肉圆厚丰满，尻部常出现隆起的肌束，称“双肌牛”。

**3. 生产性能**　在强度饲养条件下，12 月龄体重可达 500 千克以上，最高日增重 1.88 千克。成年公牛体重 1 100～1 200 千克，母牛 700～800 千克。产肉性能好，一般屠宰率为 60%～70%，胴体净肉率为 80%～85%，肉质好，瘦肉多。具有适应性强、耐粗饲、耐寒、抗病等特点，但繁殖率低，难产率高。

### （二）利木赞牛

**1. 原产地**　原产于法国中部的利木赞省。属大型肉牛品种。

**2. 体型外貌**　被毛为黄红色，毛色深浅不一。背部毛色较深，四肢内侧、腹部、眼圈、口、鼻、会阴部及尾帚的毛色较浅。角为白色，蹄为红褐色。公牛角粗而短，向两侧伸展；母牛角细，向前弯曲。体躯长而宽，肩部和臀部肌肉发达，肋骨开张，尻平，四肢强壮。

**3. 生产性能**　在良好饲养条件下，10 月龄活重可达 408 千克，12 月龄达 480 千克。一般屠宰率为 63%～71%，瘦肉率高达 80%～85%。具有适应性强、耐粗饲、适于放牧、补偿生长能力强、饲料利用率高的特点。难产率较夏洛莱牛低。

**(三)海福特牛**

**1. 原产地**　原产于英国英格兰西部的海福特县以及毗邻的牛津县等地，属小型肉用牛品种。

**2. 体型外貌**　被毛为暗红色，头、颈垂、腹下、四肢下部及尾端一般为白色。头短额宽，角呈蜡黄色或白色，向外弯曲。体躯宽深，前胸发达，肌肉丰满，呈长方形的典型肉用体型。四肢短。

**3. 生产性能**　18 月龄活重达 725 千克。成年公牛体重850～1 100 千克，母牛 600～700 千克。屠宰率一般为 60%～65%，净肉率达 57%，肉质细嫩多汁，味道鲜美。早熟，增重快，耐粗饲，抗病力强，适于放牧。

**(四)安格斯牛**

**1. 原产地**　原产于英国苏格兰的阿伯丁和安格斯地区，属早熟的中小型肉牛品种。

**2. 体型外貌**　无角。全身被毛为黑色，有时腹部有白毛。体躯宽而深，背腰平直，后躯发育良好，肌肉发达，体躯呈圆筒状。四肢短。

**3. 生产性能**　育肥牛 12 月龄体重可达 400 千克。成年公牛体重 800～900 千克，母牛 500～600 千克。性成熟早，耐粗饲，耐寒，适应性强。一般屠宰率为 60%～65%。性情温驯，适于放牧饲养。

**(五)皮埃蒙特牛**

**1. 原产地**　原产于意大利的皮埃蒙特地区，属中型肉用牛品种。

**2. 体型外貌**　被毛灰白色，鼻镜、眼圈、肛门、阴门、耳尖、尾帚等部位为黑色。犊牛出生时被毛为浅黄色，后慢慢变为白色。中等体型，皮薄、骨细，双肌肉型表现明显。全身肌肉丰满，后躯特别发达。

**3. 生产性能**　成年公牛体重约800千克，母牛体重约500千克。周岁公牛体重可达400千克，屠宰率72.8%，净肉率66.2%，瘦肉率84.1%。其主要特点是早期增重快，皮下脂肪少，屠宰率高，眼肌面积大，肉质鲜嫩，皮张弹性极高。易发生难产。

**（六）西门塔尔牛**

**1. 原产地**　原产于阿尔卑斯山区，即瑞士西部及法国、德国和奥地利等国。是世界著名的兼用牛品种。

**2. 体型外貌**　毛色为黄白花或红白花，头、胸、腹下和尾帚多为白色。体型大，骨骼粗壮结实，肌肉丰满。头大颈短，眼大有神，角细、白色。前躯发育良好，胸深，背腰长平宽直，尻部长宽而平直。乳房发育中等，泌乳力强。

**3. 生产性能**　成年公牛体重1 000～1 300千克，母牛650～750千克。产奶量比肉用牛高，产肉性能不比肉牛差。一般屠宰率为55%～60%，经育肥后公牛屠宰率可达65%。每头牛年均产奶量可达4 070千克，乳脂率3.9%。适应性好，耐粗饲，性情温驯，适于放牧。

**（七）日本和牛**

**1. 原产地**　原产于日本的土种牛。1912年日本对和牛进行了有计划的杂交工作，并在1944年正式命名为黑色和牛、褐色和牛和无角和牛，作为日本国的培育品种。

**2. 体型外貌**　体型小，体躯紧凑，腿细，前躯发育好，后躯差，一般和牛分为褐色和牛和黑色和牛两种。但以黑色为主毛色，在乳房和腹壁有白斑。也有条纹及花斑的杂色牛只。

**3. 生产性能**　成年母牛体重约620千克、公牛约950千克，犊牛经27个月的育肥，体重达700千克以上，平均日增重1.2千克以上。日本和牛是当今世界公认的品质最优秀的良种肉牛，其肉大理石花纹明显，又称“雪花肉”。由于日本和牛的肉多汁细嫩、肌肉脂肪中饱和脂肪酸含量很低，风味独特，肉用价值极高，在日本被视为“国宝”，在西欧市场也极其昂贵。

### (八)夏南牛

**1. 原产地** 原产于河南省南阳市。是由法国夏洛莱牛为父本，以我国南阳牛为母本，经导入杂交、横交固定和自群繁育3个阶段的开放式育种，培育而成的肉牛新品种。

**2. 体型外貌** 夏南牛体型外貌一致。毛色为黄色，以浅黄、米黄居多；公牛角呈锥状，水平向两侧延伸，母牛角细圆，致密光滑，稍向前倾；成年牛结构匀称，体躯干呈长方形；胸深肋圆，背腰平直，尻部宽长，肉用特征明显；四肢粗壮，蹄质坚实，尾细长。

**3. 生产性能** 成年公牛体重约850千克，成年母牛体重约600千克。夏南牛体质健壮，性情温驯，适应性强，耐粗饲，采食速度快，易育肥；抗逆力强，耐寒冷，耐热性稍差；遗传性能稳定。在农户饲养条件下，公、母犊牛6月龄平均体重分别为197.35千克和196.50千克，平均日增重为0.88千克；周岁公、母牛平均体重分别为299.01千克和292.40千克。体重350千克的架子公牛经强化肥育90天，平均体重达559.53千克，平均日增重可达1.85千克。据屠宰试验，17～19月龄的未育肥公牛屠宰率60.13%，净肉率48.84%。

### (九)延黄牛

**1. 原产地** 原产于吉林延边。“延黄牛”是以利木赞牛为父本，延边黄牛为母本，从1979年开始，经过杂交、正反回交和横交固定3个阶段，形成的含75%延边黄牛、25%利木赞牛血缘的稳定群体。

**2. 体型外貌** 体质结实，骨骼坚实，体躯较长，颈肩结合良好，背腰平直，胸部宽深，后躯宽长而平，肌肉丰满。全身被毛为黄色或浅红色，长而密，皮厚而有弹力。公牛头短，额宽而平，角粗壮，多向后方伸展，呈“一”字形或倒“八”字角；母牛头清秀适中，角细而长，多为龙门角。

**3. 生产性能**　具有耐寒、耐粗饲、抗病力强的特性，性情温驯、适应性强，生长速度快。成年公、母牛体重分别为1 056.6千克和625.5千克；舍饲短期育肥为30月龄公牛，宰前活重578.1千克，胴体重345.7千克，屠宰率为59.8%，净肉率为49.3%，日增重为1.22千克。肉质细嫩多汁、鲜美适口、营养丰富，肌肉脂肪中油酸含量为42.5%。

## 二、中国黄牛

中国黄牛是我国的役肉兼用品种，广泛分布于我国各地，与国外专门化肉牛品种相比，增重速度较慢，后躯发育较差。

### （一）秦川牛

**1. 原产地**　原产于陕西省渭河流域关中平原地区。以咸阳市的兴平、武功、乾县、礼泉等县所产的牛最著名。属役肉兼用牛种。

**2. 体型外貌**　被毛多为紫红色和红色。体型高大，骨骼粗壮，肌肉丰满，前躯发育良好，尻稍斜，四肢结实，具有役肉兼用牛体型。

**3. 生产性能**　成年公牛体重600～800千克，母牛体重380～480千克。具有育肥快、瘦肉率高、肉质细嫩的特点，育肥到20～24月龄，屠宰率可达63.02%，净肉率为52.95%。

### （二）晋南牛

**1. 原产地**　原产于山西省运城、临汾两市，以万荣、临汾、河津等地的牛数量最多，质量最好。属大型役肉兼用品种。

**2. 体型外貌**　被毛为枣红色，鼻镜、蹄壳为粉红色。体躯高大，骨骼粗壮，前躯较后躯发达，尻较窄略斜，胸深且宽，肌肉丰满。

**3. 生产性能** 成年公牛体重600～700千克，母牛体重300～500千克。育肥到22～24月龄，屠宰率为63.38%，净肉率为54.06%，肉质良好。

**(三)南阳牛**

**1. 原产地** 原产于河南省南阳地区，以南阳市郊区、社旗县、邓州市和新野县等地的牛最著名，属大型役肉兼用品种。

**2. 体型外貌** 毛以黄色为主，还有米黄色和黄白色，面部、腹下、四肢下部毛色较浅，鼻镜多为肉色带黑色。体型高大，骨骼粗壮而结实。公牛头方正，颈短粗，前躯发达，肩峰隆起8～9厘米。母牛头部清秀，中躯发育良好。

**3. 生产性能** 成年公牛体重650～700千克，母牛体重400～450千克。易育肥，肉质细嫩，屠宰率高。育肥到22～24月龄，屠宰率达63.74%，净肉率达54.24%。

**(四)鲁西黄牛**

**1. 原产地** 山东省西部、黄河以南及运河以西一带。济宁、菏泽市为中心产区。属役肉兼用品种。

**2. 体型外貌** 毛以红黄色、浅黄色为主，眼圈、嘴圈、腹下及四肢毛色较浅。体躯高大，肌肉发育好，前躯较深，背腰宽广，具有长方形的肉用牛外貌。

**3. 生产性能** 成年公牛体重约650千克，成年母牛体重约450千克。育肥性能好，肉质细嫩，大理石花纹明显。育肥到22～24月龄，屠宰率达63.06%，净肉率达53.5%。

**(五)延边牛**

**1. 原产地** 原产于东北三省东部的狭长地区，是寒温带的优良品种，是东北地区优良地方牛种之一。属役肉兼用品种。

**2. 体型外貌** 胸部深宽，骨骼坚实，被毛长而密，皮厚而有弹力。毛多呈深淡不同的黄色，其中深黄色占16.3%，黄色占

74.8%，淡黄色占6.7%，其他色占2.2%。鼻镜一般呈淡褐色，带有黑点。

**3. 生产性能**　延边牛自18月龄育肥6个月，日增重约为813克，胴体重265.8千克，屠宰率57.7%，净肉率47.23%，眼肌面积75.8厘米$^2$。延边牛耐寒，在－26℃时才出现明显不安，但能保持正常食欲和反刍。延边牛体质结实，抗寒性能良好，适宜于林间放牧。

## 三、提高我国黄牛生产性能的杂交改良措施

目前我国农村的黄牛仍占相当比重。随农业机械化的发展，有相当部分的黄牛将逐步向肉用方向发展。我国黄牛具有耐粗饲、抗病力强、适应性好、遗传性稳定等优良特性，但也存在体型小、生产性能低等不足。对黄牛的改良重点是加大体型、体重，提高生产性能，逐步向肉用或乳肉兼用方向发展。

杂交是指2个或2个以上的品种、品系或种间的公、母牛之间的相互交配，所生后代称为杂种。杂种较其双亲往往具有生命力强、生长迅速、饲料报酬高等特点，这就是我们常说的"杂种优势"。用肉用性能好、适应性强的品种，与肉用性能较差的品种进行杂交，以期提高杂种后代的产肉性能和饲养效率，就是黄牛的杂交改良。

### （一）杂交改良的目的和优点

肉用牛杂交改良的目的就是为了提高牛的生产能力和提高养殖肉牛的经济效益。因目前我国专门肉用牛品种少，要大量地引进外来肉用品种牛也是不现实的，一方面是资金问题，另一方面是引进的肉用品种与我国的气候和饲料资源特点不相符。我国人多地少，粮食较紧张，应合理地利用我国现有的肉用牛、肉役兼用牛、乳肉兼用牛和本地黄牛，用杂交改良的方法，生产优质杂交牛育

肥，提高以增重速度和肉品质为主的肉用性能。一般来说，我国黄牛杂交改良后具有如下优点。

**1. 体型增大** 我国大部分黄牛体型偏小，并且后躯发育相对较差，不利于产肉。经过改良，杂种牛的体型一般比本地黄牛增大30%左右，体躯增长，胸部宽深，后躯较丰满，尻部宽平，后躯尖斜的缺点基本得到改进。

**2. 生长快** 本地黄牛生长速度慢，经过杂交改良，其杂种后代作为肉用牛饲养，提高了生长速度。据山东省的资料，在饲养条件优越的平原地区，本地公牛周岁体重仅为200～250千克，而杂交后代(利木赞或西门塔尔杂种)的周岁体重可达到300～350千克，体重提高了40%～45%。

**3. 出肉率高** 经过育肥的杂交牛，屠宰率一般能达到55%，一些牛甚至接近60%，比黄牛提高了3%～8%，能多产肉10%～15%。前苏联曾采用100多个品种进行杂交试验，也证明了品种间杂交使杂种牛生长快、屠宰率高，比原来的纯种牛可多产肉10%～15%。

**4. 经济效益好** 杂种牛生长快，出栏上市早，同样条件下杂种牛的出栏时间比本地牛几乎缩短了一半。另外，杂种牛成年后体重大，能达到外贸出口标准；杂种牛的高档牛肉产量高，从而使经济效益提高。

**(二)肉牛杂交改良的方法**

在肉牛生产及育肥中，常用的杂交方法主要有以下几种。

**1. 经济杂交** 也称简单杂交。就是用2个不同品种的公、母牛杂交，所生杂一代牛全部用于育肥。在生产中常见的两品种杂交类型有3种。

(1)*肉用品种与本地黄牛杂交* 如用夏洛莱牛或西门塔尔牛作为杂交父本。所生杂交一代生长快，成熟早，体重大，育肥性能好，适应性强，饲料利用能力强，对饲养管理条件要求较低。如果用安格斯牛或日本和牛作为杂交父本，所生杂交一代不仅生长快，还进一步提高了牛肉品质，生产“雪花牛肉”。杂交公牛和不留作种用的杂交母牛皆可育肥利用。生产中广泛利用这种杂交方法，以提高经济效益。

(2)乳肉兼用品种与乳用品种杂交　这种杂交方式使乳用牛生产与肉用牛生产结合起来。可以选用低产奶牛与乳肉兼用公牛杂交，所生杂交后代，断奶后公牛育肥，利用其杂交优势，提高生长速度、饲料报酬和牛肉品质；也可以对有一定数量的奶牛牛群，分期按比例地用乳肉兼用品种的公牛配种，所生杂交后代，公牛用作育肥，母牛用作乳用后备牛，做到了乳肉并重。

(3)肉用公牛与乳用母牛杂交　这种方式在奶牛业发达的国家广泛采用。如波兰将30%、保加利亚将12%的奶牛与肉牛杂交，后代产肉性能提高6%～10%；美国的牛肉有30%来自奶牛杂交牛；欧洲共同体国家的牛肉有45%来自奶牛群。

**2. 轮回杂交**　是用2个或2个以上品种的公牛，先用其中1个品种的公牛与本地母牛杂交，其杂种后代的母牛再和另一品种的公牛交配，以后继续交替使用与杂种母牛无亲缘关系的2个品种的公牛交配。3个品种以上的轮回杂交模式与此相同。轮回杂交的优点是：一方面利用了各世代的优良杂种母牛，并能在一定程度上保持和延续杂种优势。据研究，2个品种和3个品种轮回杂交，可分别使犊牛活重增加15%和19%。轮回杂交比一般的经济杂交更经济，因为这种杂交方式只在开始时繁殖1个纯种母牛群，以后除配备几个品种少数公牛外，只养杂种母牛群即可。轮回杂交与一般经济杂交的不同点是，各轮回品种在每个世代中都保持一定的遗传比例。

**3. 级进杂交**　即利用同一优良品种的公牛与生产性能低的品种一代一代地交配。这是用高产品种改良低产品种最常用的方法，杂一代可得到最大改良。级进杂交应当注意的问题：①引入品种的选择,除了考虑生产性能高、能满足畜牧业发展需要外,还要特别注意其对当地气候、饲管条件的适应性。因为随着级进代数的提高,外来品种基因成分不断增加,适应性的问题会越来越突出。②级进到几代好,没有固定的模式。总的来说要克服代数越高越好的想法。随着杂交代数的增加,杂种优势逐代减弱,在实践中不必追求过多代数,一般级进2～3代即可。过高的代数还会使杂种后代的生活力、适应性下降。事实上,只要体型外貌、生产性能基本接近用来改造的品种就可以固定了。原有品种应当有一定比例的基因成分,这对适应性、抗病力和耐粗性有好处。③级进杂交中,要注意饲养管理条件的改善和选种选配的加强。随着杂交代数增加,生产性能不断提高,一般要求饲养管理水平也要相应提高。

在黄牛向奶用方向改良的过程中,不少地方用级进杂交,已获得了许多成功的经验。级进杂交是提高本地黄牛生产力的一种最普遍、最有效的方法。

**4."终端"公牛杂交体系** 这种方式涉及3个品种,即用B品种公牛与A品种母牛交配,杂一代母牛(BA)再用C品种公牛配种,所生杂二代(ABC)全部用于育肥。这种终止于第三个品种公牛的杂交方式称为"终端"公牛杂交法,可使各品种的优点互补而获得较高的生产性能。其特点是终端群不留种,其繁殖母牛靠前两群供给成年母牛;基础母牛群能专门向母性方向选种;可与两品种交叉杂交配套,世代间隔缩短,有利于加速改良进度;能得到最大限度的犊牛优势和67%的母牛优势。

**5. 轮回——"终端"公牛杂交体系** 这是轮回杂交和"终端"公牛杂交的结合,即在2个品种或3个品种轮回杂交的后代母牛中保留45%继续轮回杂交,作为更新母牛群之需;另外55%的母牛用生长快、肉质好的品种公牛("终端"公牛)配种,后代用于育肥,以期达到减少饲料消耗、生产更多牛肉的效果。据试验,2个品种和 3 个品种轮回的“终端”公牛杂交方法可分别使所生犊牛体重平均增加 21%和 24%。

**6. 育成杂交**　是用 2～3 个以上的品种杂交来培育新品种的一种方法，可使亲本的优良性状结合在后代身上，产生原品种所没有的优良品质。在杂种牛符合育种目标时，就选择其中的优秀公、母牛进行自群繁育，横交固定而育成新品种。例如，我国的草原红牛，就是以短角牛级进杂交蒙古牛至三代，将理想的三代公、母牛横交，使其优良性能稳定而育成的。

**思考题**

1. 常见的肉牛品种有哪些？兼用牛品种有哪些？
2. 我国的良种黄牛品种有哪些？
3. 提高我国黄牛生产性能的措施有哪些？

# 第二章　肉牛的繁殖技术

## 一、母牛的发情及鉴定

### (一)母牛的初情期与性成熟

母牛一般在6～12月龄初次发情，称为初情期，发情持续期短，发情周期不正常，生殖器官和生殖功能仍在生长发育。母牛到8～14月龄生长发育到有正常生殖能力的时期，叫做性成熟期，生殖器官基本发育完全，母牛具备受胎能力。但母牛身体正处于生长发育旺盛阶段，如果此时配种受胎，会影响它的生长发育和今后配种及繁殖能力，缩短使用年限，而且会使后代的生活力和生产性能降低。

### (二)母牛的发情规律

母牛性成熟后，开始周期性地发生一系列的性活动现象。例如，母牛生殖道黏膜充血、水肿、流出黏液，俗称“吊线”；精神兴奋，出现性欲，主动接近公牛，接受公牛或其他母牛爬跨；卵巢上有卵泡发育和排卵等。通常将育龄空怀母牛的这种生殖现象叫做发情。

**1. 发情周期**　发情的出现是遵循一定时间规律的，两次相邻发情的间隔时间为一个发情周期。生产中一般把观察到发情的当天作为零天，母牛的发情周期平均为21天(18～24天)。一般将发情周期分为发情前期、发情期、发情后期和休情期。

(1)发情前期　卵巢上功能黄体已经退化，卵泡正在成熟，阴道分泌物逐渐增加，生殖器官开始充血，持续时间4～7天。

(2)发情期　卵泡已经成熟，继而排卵，发情征候集中出现，尤以接受其他母牛爬跨为基本外部特征。发情持续时间平均为18小时(6～36小时)。乳用品种一般为13～17小时,肉用品种为13～30小时。

(3)发情后期　已经排卵,黄体正在形成,发情征候开始消退。发情后期的持续时间为5～7天。

(4)休情期　为周期黄体功能时期,其特点是黄体逐渐萎缩,卵泡逐渐发育,从上一次发情周期过渡到下一次发情周期,母牛休情期的持续时间为6～14天。如果已妊娠,周期黄体转为妊娠黄体,直到妊娠结束前不再出现发情。

**2. 排卵时间**　正确地估算排卵时间是保证适时输精的前提。在正常营养水平下,76%左右的母牛在发情开始后21～35小时排卵。

**3. 产后发情的出现时间**　产后第一次发情距分娩的时间平均为63天(40～110天)。母牛在产犊后继续哺犊,会有相当数量的个体不发情。在营养水平低下时,通常会出现隔年产犊现象。

**4. 发情季节**　牛在正常情况下,可以常年发情、配种。但由于营养和气候因素,我国北方地区,在冬季母牛很少发情。大部分母牛只是在牧草丰盛季节(6～9月份),膘情恢复后,集中出现发情。这种非正常的生理反应可以通过提高饲养水平和改善环境条件来克服。

### (三)母牛的发情鉴定

发情鉴定的目的是找出发情母牛,确定最适宜的配种时间,防止误配、漏配,提高受胎率。母牛发情鉴定的方法主要有外部观察法、阴道检查法和直肠检查法。

**1. 外部观察法**　主要是根据母牛的精神状态、外阴部变化及阴门内流出的黏液性状来判断是否发情。

发情母牛站立不安、大声鸣叫、弓腰举尾、频繁排尿,相互舔嗅后躯和外阴部,食欲下降,反刍减少。发情母牛阴唇稍肿大、湿润,黏液流出量逐渐增多。发情早期黏液透明,不呈牵丝状。由于多数母牛在夜间发情,所以在接近天黑和天刚亮时观察母牛阴门流出的黏液情况,判断母牛发情的准确率很高。在运动场最容易观察到母牛的发情表现,如母牛抬头远望、东游西走、嗅其他的牛、它的后边也有牛跟随,这是刚刚发情。发情盛期时,母牛稳定站立并接受其他母牛的爬跨。只爬跨其他母牛,而不接受其他母牛爬跨的,不是发情母牛,应注意区别。发情盛期过后,发情母牛逃避爬跨,但追随的牛又舍不得离开,此时进入发情末期。在生产中应建立配种记录和发情预报制度,对预计要发情的母牛加强观察,每天观察 2～3 次。

**2. 阴道检查法** 主要根据母牛生殖道的变化,来判断母牛发情与否。其方法是将母牛保定,用 0.1%高锰酸钾溶液或 1%～2%来苏儿溶液消毒外阴部,再用清水冲洗,用经消毒的毛巾擦干。将开膣器先用 2%～5%来苏儿溶液浸泡消毒,再用温清水冲洗干净。然后一手持开膣器将阴道打开,借助手电筒光源,观察子宫颈口、黏液、黏液色泽等变化。发情母牛子宫颈口开张,黏膜潮红,黏液多。此法可作为生产中发情鉴定的辅助手段。

**3. 直肠检查法** 根据母牛卵巢上卵泡的大小、质地、厚薄等来综合判断母牛是否发情。方法是将牛保定在六柱栏中,术者将指甲剪短并磨光滑,戴上长臂塑料手套,用水或润滑剂涂抹手套。术者手指并拢呈锥状插入肛门中,先将粪便掏净,再将手臂慢慢伸入直肠中,可摸到坚硬索状的子宫颈及较软的子宫体、子宫角和角间沟,沿子宫角大弯至子宫角顶端外侧,即可摸到卵巢。牛的卵泡发育可分为四期:

第一期(卵泡出现期):卵泡直径 0.5～0.7 厘米,突出于卵巢表面,波动性不明显,此期内母牛开始发情,时间为 6～12 小时。

第二期(卵泡发育期):卵泡直径 1～1.5 厘米,呈小球状,明显突出于卵巢表面,弹性增强,波动明显。此期母牛外部发情表现明显—强烈—减弱—消失过程，全期为10～12小时。

第三期（卵泡成熟期）：卵泡大小不再增大，卵泡壁变薄，弹性增强，触摸时有一压即破之感，此期为6～8小时。此期外部发情表现完全消失。

第四期（排卵期）：卵泡破裂排卵，卵泡壁变为松软皮样，触摸时有一小凹陷。

### （四）母牛的异常发情

母牛因内分泌紊乱，可出现异常发情，在生产中应注意观察和及时治疗。

**1. 隐性发情** 又称安静发情。指母牛外部发情征候不明显，但有卵泡发育和排卵，发情时间短，很容易发生漏配。在生产中应结合直肠检查做到准确判断。

**2. 假发情** 母牛具有发情表现，但无卵泡发育和排卵，这种情况多见于青年母牛及患子宫内膜炎或阴道炎的母牛。有少数妊娠4～5个月或在临产前1～2个月的牛，也会出现假发情。在生产中一定要根据配种记录，认真观察，防止屡配不孕、误配等情况发生。

**3. 不发情** 引起不发情的原因包括子宫积液及子宫蓄脓、持久黄体、卵巢发育不全、黄体囊肿、异性孪生母犊、哺犊母牛、极度营养不良等。在生产中应区别对待，加以解决。

**4. 持续发情** 连续2～3天或更长时间发情不止。主要由卵泡囊肿，分泌雌激素过多所致。左右卵巢的卵泡交替发育也可使母牛持续发情。

## 二、母牛的人工授精技术

牛的配种方法可分为自由交配、人工辅助交配和人工授精3种。目前，农村还有部分采取自由交配，应当提倡人工授精的配种方法。

### (一)人工授精的优点

人工授精是指用器械采集公牛的精液,经适当处理后,再用器械把精液注入发情母牛生殖道内,使母牛受胎的一种方法。实施母牛人工授精技术的优点如下:

**1. 提高优良公牛的利用率** 1头种公牛在自然交配时,1次只能配1头母牛,1年配几十头;而实行人工授精时则可达到6 000~12 000头母牛。

**2. 提高母牛受胎率,加快肉牛繁殖及改良速度** 人工授精能保证精液品质和做到适时输精,可增加受胎机会。

**3. 减少了种公牛饲养头数,降低了饲养管理费用** 人工授精技术已成为肉牛高效快繁的重要手段,应在生产中大力推广应用,这对提高我国肉牛繁殖速度、加快黄牛改良进程和提高肉牛业生产效率具有重要作用。

### (二)冷冻精液的选购和保管

**1. 冷冻精液的选购** 选购何种肉牛品种或个体的冷冻精液,对牛群的改良方向、后代生产性能的高低关系密切。因此,在生产中应根据牛群情况、市场需要和个体间亲缘关系,合理地选购精液。目前可提供优质冻精的单位很多,如北京奶牛育种中心、上海奶牛育种中心、河北省畜牧良种服务中心、黑龙江省家畜繁育指导站、辽宁省种公牛站、山西省冷冻精液中心和内蒙古家畜冻精站等。

**2. 冷冻精液的保存与运输** 精液冷冻能够长期保存和运输,一般牛的冷冻精液存放于添加液氮(-196℃)的液氮罐中保存和运输。液氮罐是双层金属壁(铅或不锈钢)结构,高真空绝热容器,规格各异。液氮罐要放置在干燥、避光、通风的室内,不能倾斜,应做到经常检查,严防碰撞和损坏。

将检验合格的冷冻精液,分别包装,并做好标记(品种、种畜号、冻精日期、剂型、数量等)，置于盛有液氮的液氮罐中长期保存备用。在保存过程中，由于液氮会自然蒸发损耗，应做到经常检查，及时补充液氮，保证保存温度恒定不变，以达到冷冻精液长期保存的目的。

冻精取放要迅速(5～10 秒/次)，并及时盖好液氮罐。冷冻精液运输应由专人负责，用充满液氮的液氮罐运输，液氮罐外加保护套，装卸时要轻拿轻放，安放平稳，防止运输中强烈震动，严防暴晒。

### (三)准确掌握输精适期

对于经过发情鉴定确认为发情的母牛，应掌握有利时机进行输精。

#### 1. 冷冻精液的解冻及质量检查

(1)颗粒冻精的解冻　将事先配制的 2.9%柠檬酸钠解冻液 1 毫升，放入经过灭菌的试管中，在 38℃～40℃水浴中加温，用镊子从液氮罐中迅速取冻精 1 粒放入试管中，轻轻摇动解冻。检查精子活力在 0.3 以上，1 个剂量解冻后呈直线前进运动的精子数要求不少于 1 200 万个。

(2)细管冻精的解冻　从液氮罐中迅速取 1 支细管精液，放入 38℃～40℃水浴中使之快速解冻。冻精活力不低于 0.3，1 个剂量解冻后呈直线前进运动的精子数不少于 1 000 万个。

无论是颗粒冻精，还是细管冻精，解冻后应尽快使用，不可久置，并注意保温，避免阳光直射。细管冻精解冻后，剪去细管封口，再装入输精枪中待用。

#### 2. 输精时间

(1)育成母牛初次输精(配种)时间　母牛体成熟比性成熟晚。体成熟是指母牛全身各器官的发育完全成熟，具备了成年母牛的形态结构和生殖功能。通常育成母牛的初次输精(配种)适龄为 14 月龄以上，或达到成年母牛体重的 70%为宜。

(2)产后输精　通常在产后60天左右开始观察，并进行输精。但也有试验表明，分娩后35～40天的第一次发情就可输精，这样可缩短产犊间隔15天左右。

(3)发情期适时输精　由于母牛正常排卵是在发情结束后12～15小时，所以输精时间安排在发情中期至末期阶段比较适宜。一般第一次输精时间安排：上午8时以前发情的母牛在当日下午输精；上午8时至下午2时发情的母牛在当日晚上输精；下午2时以后发情的母牛在翌日早晨输精。间隔8～12小时进行第二次输精。

**(四)输精操作基本步骤**

输精前，用输精器吸取解冻后的精液(颗粒冻精)。对于细管冻精，将输精器推杆向后退10厘米左右，将有棉塞一端插入输精器推杆上，深约0.5厘米，将另一端聚乙烯封口部分剪去，套上钢套管外层的塑料套管，待用。

目前生产中主要采用直肠把握子宫颈输精技术。把母牛保定在配种架内(已习惯直肠检查的母牛可在槽上进行)，尾巴用细绳拴好拉向一侧。术者一手戴产科手套，涂抹皂液，将手臂伸入直肠，掏出粪便，然后清洗消毒外阴部，擦干，用手在直肠内摸到子宫颈，把子宫颈外口握在手中，不宜握得太靠前(头部方向)，否则子宫颈口游离下垂，造成输精器不易插入子宫颈口。另一手持装好精液的输精枪，从阴门插入5～10厘米，再稍向前下插入到子宫颈口外，两手配合使输精器轻轻插入子宫颈深部(经过2～3个皱褶)，随后缓慢注入精液，然后缓慢抽出输精枪。输精结束后，轻轻按摩阴蒂数秒钟。

## 三、母牛的妊娠与分娩

### (一)母牛的妊娠诊断

为了尽早判断母牛的妊娠情况，应做好妊娠诊断工作，以做到防止母牛空怀、未受胎牛及时配种和加强对受胎母牛的饲养管理。妊娠诊断的方法有以下几种：

**1. 外部观察法**　输精的母牛如果20天、40天两个情期不返情，就可以初步认为已妊娠。另外，母牛妊娠后还表现为性情安静，食欲增加，膘情好转，被毛光亮。妊娠5～6个月以后，母牛腹围增大，右下腹部尤为明显，有时可见胎动。

**2. 阴道检查法**

(1)阴道黏膜检查　妊娠20天后，阴道黏膜苍白，向阴道插入开膣器时感到有阻力。

(2)阴道黏液检查　妊娠后，阴道黏液量少而黏稠，浑浊、不透明、呈灰白色。

(3)子宫颈外口检查　用开膣器打开阴道可以看到子宫颈外口紧缩，并有糊状黏液块堵塞颈口，称为子宫栓。

**3. 直肠检查**　这是目前早期妊娠诊断的主要手段。检查的顺序依次为子宫颈、子宫体、子宫角、卵巢、子宫中动脉。

母牛妊娠1个月时，两侧子宫大小不一，孕侧子宫角稍有增粗，质地松软，稍有波动，用手握住孕角，轻轻滑动时可感到有胎囊。未孕侧子宫角收缩反应明显，有弹性。孕侧卵巢有较大的黄体突出于表面，卵巢体积增加。

母牛妊娠2个月时，孕角大小为空角的1～2倍，犹如长茄子状，触诊时感到波动明显，角间沟变得宽平，子宫向腹腔下垂，可摸到整个子宫。

母牛妊娠3个月时，孕侧卵巢较大，有黄体；孕角明显增粗(周径为 10～12 厘米），波动明显，角间沟消失，子宫开始沉向腹腔，有时可摸到胎儿。

**（二）母牛的分娩与助产**

**1. 预产期的推算** 母牛的妊娠期平均为 280 天。推测牛的预产期一般采用交配月数减 3（交配月数小于 3，直接加 9），交配日数加 6 的方法推算。

**2. 分娩预兆** 产前 15 天乳房开始膨大，临产前 4～5 天可挤出黏稠、淡黄色液体，产前 2 天乳头中滴出初乳；分娩前 1 周，阴唇逐渐变软，出现水肿，阴道内往往流出蛋清样黏液；骨盆韧带变得松弛，分娩前 36 小时荐坐韧带后缘非常松软，臀部肌肉出现塌陷；临产母牛神态不安，头不时向后回顾腹部，时起时卧，频频排尿。

**3. 分娩** 分娩过程可分为开口期、产出期和胎衣排出期。

（1）开口期 从子宫开始收缩到子宫颈完全开张为止。在此期间母牛表现不安，时起时卧，回顾腹部，尾根抬起，常做排粪排尿姿势，食欲停止或减少，反刍不规律，有时鸣叫，喜欢待在比较安静的地方。在开口期，胎儿转成分娩时的胎位和胎势。此期大约经历 6 小时（1～12 小时）。

（2）产出期 从子宫颈完全开张到胎儿产出为止。此期母牛表现兴奋不安，背部拱起努责，母牛在排出胎儿时，多数是卧下，在努责时四肢伸直，经多次努责后，胎囊由阴门露出，一般先露出羊膜绒毛膜，有时先露出尿膜绒毛膜囊，在阴门内或在阴门处破裂排出黄褐色尿囊液，然后尿膜羊膜囊再突出阴门破裂，排出浓稠、淡白色羊水。在羊膜破裂后，胎儿前肢和头部开始露出，经强烈努责后胎头逐渐露出并通过阴门，最后将胎儿排出。产出期经历的时间为 0.5～4 小时，初产牛较经产牛时间长。

（3）胎衣排出期 从胎儿排出到胎衣完全排出为胎衣排出期。胎儿排出后，母牛表现一段安静时间，然后在子宫收缩的同时有较轻度的努责。胎衣一般都是翻着排出，因为这时子宫收缩是从子宫角尖端开始的，这一部分胎衣首先脱落，形成套叠，然后逐渐向外翻出来。胎衣排出时间一般为4～6小时，最多不超过12小时。

根据上述胎衣排出时间，在胎儿产出后要注意观察胎衣排出，如果在产后超过上述时间胎衣尚未排出，可认为是胎衣不下，要及时采取措施。

**4. 助产**　在正常分娩过程中，母牛可以自然地将胎儿排出，不需要过多的帮助。但在初产母牛出现倒生或分娩过程较长的情况下，应当进行助产，以缩短产程和保护胎儿成活。

(1)*助产前的准备*　助产人员应固定专人，并安排有助产经验的人员担任。应选择清洁、安静的房舍作为产房。产房在使用前应进行清扫消毒，并铺上干燥、清洁、柔软的垫草。准备好接产工具，如脸盆、肥皂、毛巾、刷子、产科绳、消毒药品、脱脂棉以及镊子、剪刀等。

(2)*助产方法*　母牛表现分娩现象时，将其外阴部、肛门、尾根及后臀部用温水、肥皂水洗净擦干，再用1%来苏儿溶液消毒外阴部。助产人员手臂应彻底消毒。

当胎膜已经露出而又不能及时产出时，应先检查胎儿的胎向、胎位和胎势是否正常。正常情况可以让其自然分娩；若有异常情况，应及时矫正。

当胎儿前肢和头部露出阴门而羊膜仍未破裂时，可将羊膜撕破，并将胎儿口腔和鼻腔内的黏液擦净，以利于胎儿呼吸。

当胎儿头部通过阴门时，要注意保护阴门和会阴部，尤其是阴门和会阴部过分紧张时，应有一人用手护住阴门，防止阴门撑破。

当母牛努责无力时，可用手或产科绳系住胎儿的两前肢，同时用手握住胎儿下颌，随母牛的努责，顺着骨盆产道方向慢慢拉出胎儿。倒生时应在胎儿两后肢伸出后及时拉出胎儿。

## 四、提高母牛繁殖力技术

**(一)母牛繁殖力的概念**

母牛的繁殖力主要是生育后代的能力和哺育后代的能力。它与性成熟的迟早、发情周期正常与否、发情表现、排卵多少、卵子受精能力、妊娠和泌乳量高低等有密切关系。

**(二)衡量母牛繁殖力的主要指标**

**1. 受配率** 一般要求受配率在80%以上。

$$受配率(\%)=\frac{受配母牛数}{可繁母牛数}\times 100$$

**2. 情期受胎率** 正常情期受胎率为54%～55%。

$$情期受胎率(\%)=\frac{妊娠母牛头数}{情期配种数}\times 100$$

**3. 总受胎率** 正常总受胎率为95%以上。

$$总受胎率(\%)=\frac{妊娠母牛总数}{配种母牛总数}\times 100$$

**4. 产犊间隔** 指母牛相邻两次产犊间隔的天数,又称胎间距。正常产犊间隔在13个月以下。

**5. 情期配种指数** 指每次妊娠所需配种的情期数。

$$配种指数=\frac{情期配种数}{妊娠头数}$$

**6. 受胎配种指数** 指每次妊娠的配种(输精)次数。正常情况下应低于1.6次。

$$受胎配种指数=\frac{总配种(输精)次数}{妊娠母牛头数}$$

**7. 产后空怀天数** 正常为60～80天。

**8. 繁殖率** 主要反映母牛群在一个繁殖年度的增殖效率。

$$繁殖率(\%)=\frac{实产活犊数}{配种母牛数}\times 100$$

**9. 繁殖成活率** 主要反映一个繁殖年度的综合繁殖效率。

$$\text{繁殖成活率}(\%)=\frac{\text{断奶时存活犊牛数}}{\text{配种母牛数}}\times 100$$

**(三)基本技术**

**1. 加强营养** 保持适当膘情,是保证母牛正常发情的物质基础,同时应注意日粮中营养物质的全价性,特别是矿物质和维生素的供应要全面。

**2. 加强管理** 冬季保证牛舍的温度在0℃以上。加强犊牛培育工作,做到全活。犊牛按时断奶,以促使母牛产后及早发情。一般2～3个月断奶。提高公牛精液品质。熟练掌握输精技术,做到适时输精。开展早期妊娠检查,狠抓复配。狠抓妊娠牛的保胎工作,做到全产。

**3. 及时检查和治疗不发情的母牛** 人工催情可采用1次注射孕马血清10～20毫升,隔6天再注射20～30毫升。积极治疗子宫疾患。

**4. 应用繁殖新技术** 如同期发情、超数排卵、胚胎移植、诱发双胎等,这些新技术的推广应用,对提高牛的繁殖力将起到重要作用。

**思考题**

1. 育成母牛什么时间进行初次配种?
2. 人工授精有哪些优点?
3. 冷冻精液如何选购?
4. 母牛预产期如何推算?
5. 如何提高母牛繁殖率?

# 第三章 肉牛的饲料

## 一、肉牛常用饲料及加工处理

饲料成本占养牛成本的70%左右,只有了解肉牛各种饲料的特性及加工技术,才能合理利用饲草、饲料资源,降低饲养成本,提高生产性能,增加养牛的经济效益。在我国养牛生产中,习惯将牛饲料分为粗饲料、精饲料、矿物质饲料和添加剂饲料。

### (一)粗饲料及其加工处理

粗饲料主要指青绿饲料、干草、秸秆及秕壳以及用其制作的青贮饲料等。糟渣类饲料常称为副料,包括酒糟、粉渣、豆腐渣、玉米淀粉渣等,是肉牛的基本饲料。

**1. 青绿饲料** 指天然水分含量60%及其以上的青绿多汁植物性饲料。粗蛋白质含量较丰富,并含有丰富的维生素,具有轻泻、保健作用,包括野青草、栽培牧草、树叶类饲料、叶菜类饲料、水生饲料等。

由于青绿多汁饲料干物质少,能量低,育肥牛需要补充谷物、饼粕等能量饲料和蛋白质饲料,所以饲喂量不要超过日粮干物质的20%。为了保证青绿饲料的营养价值,适时收割非常重要,一般禾本科牧草在孕穗期刈割,豆科牧草在初花期刈割。松针粉含粗纤维较一般阔叶高,且有特殊的气味,不宜多喂。有的树叶含有单宁,有涩味,适口性不佳,必须加工调制后再喂。水生饲料在饲喂时,要洗净并晾干表面的水分后再喂。叶菜类饲料中含有硝酸盐,在堆贮或蒸煮过程中被还原为亚硝酸盐,易引起中毒,甚至死亡,故饲喂量不宜过多。幼嫩的高粱苗、亚麻叶等含有氰苷,在瘤胃中可生成氢氰酸，能引起中毒。喂前晾晒或青贮可预防中毒。幼嫩的牧草或苜蓿应少喂，以防瘤胃臌胀的发生。

铡短和切碎是青绿饲料最简单的加工方法，不仅便于牛咀嚼、吞咽，还能减少饲料的浪费。一般青绿饲料可以铡成3～5厘米长，块根块茎类饲料以加工成小块或薄片为好，以免发生食管梗塞，还可缩短牛的采食时间。

**2.** 干草　干草是青绿饲料在尚未结籽以前刈割，经过日晒或人工干燥而制成的，较好地保留了青绿饲料的养分和绿色，是肉牛的重要饲料。优质干草叶多，适口性好，蛋白质含量较高，胡萝卜素、维生素D、维生素E及矿物质含量丰富。粗蛋白质含量禾本科干草为7%～13%，豆科干草为10%～21%；粗纤维含量高，为20%～30%；所含能量为玉米的30%～50%。

(1)*青干草的制作方法*　青干草的制作方法很多，养殖户一般采用自然晒制法，在田野间晒制干草，可根据当地气候、牧草生长、人力及设备等条件的不同，而采用平铺晒草、小堆晒草，或者两者结合等方式进行，以能更多地保存青饲料中的养分为原则。

(2)*青干草的品质鉴定与贮藏*　对于经常购买干草的养殖户，掌握青干草的品质鉴定与贮藏基本知识是非常重要的。

①*品质鉴定*　干草的品质应根据干草的植物组成、生长期、颜色、气味、含水量等方面来进行鉴定。

植物组成：优质干草豆科草占的比例大，不可食草不超过5%；中等干草禾本科和其他可食草比例较大，不可食草不超过10%；劣等干草除豆科、禾本科以外的其他可食草较多，不可食草不超过15%。

生长期：如有花蕾，表示收割适时，品质优良；如有大量花序，尚未结籽，表示收获在开花期，品质中等；如发现大量种子，表示收获过晚，营养价值不高。

颜色和气味：优等干草，鲜绿色，气味芳香；中等干草，淡绿色或灰绿色；次等干草，微黄色或淡褐色；劣等干草，暗褐色、草上有白灰，具有霉味。

含水量：含水量在15%以下为干燥，用手轻轻揉搓，发出碎裂声，并易折断；含水量在15%～17%为中等干燥，用手扭折时，草茎破裂，稍压有弹性而不断；含水量在17%～20%为较湿，用手扭折时，草茎不易折断，并溢出水来，不能保存。

②综合评定　优等干草豆科草占的比例较大，颜色青绿，有光泽，气味芳香，样品中有花蕾出现（孕穗），含水量在17%以下；良好干草植物学组成评定为中等草，颜色淡绿，无霉味，在样品中有大量花序而未结籽，含水量在17%左右；次等干草或等外级干草，植物学组成为劣等草，颜色微黄色或灰褐色，样品中有大量种子，含水量高于17%。如果有害植物超过1%，泥沙杂质过多，干草颜色为暗褐色，已发霉变质，则不能饲用。

③贮存　干草贮存不当会使品质下降，甚至霉烂损失。要贮存的干草必须完全晒干，如果水分含量高达20%或30%，草堆容易在氧化过程中升温超过40℃，甚至高达70℃，还会引起自燃发生火灾。堆放的地方要向阳干燥，防雨、防潮。上面要加顶封盖，上盖蒿秆、草帘或塑料薄膜。草堆底部垫以石头或树枝，便于通风干燥。否则，上面雨淋，下面潮湿，最易发生霉烂。最好修建干草棚，采取四周砌砖柱上面盖水泥瓦或石棉瓦，高度为5～7米。修建这样的草棚虽开始要一些投资，但可保证干草质量，无霉烂损失，且易堆码。贮存良好的干草，除胡萝卜素的保存时间不能太长外，其他如蛋白质、粗脂肪等的消化率，都可较长时间变化不大。

**3. 秸秆及秕壳**　包括各种农作物收获后所剩余的秸秆，如干玉米秸、稻草、麦秸、谷草等；秕壳为子实脱离时分离出的荚皮、外皮等。一般都放在田间或户外，常在雨淋日晒之下，很容易受潮霉坏。再加上自然环境、栽培条件以及作物品种的不同，其营养价值变化很大。玉米秸、稻草在我国生产数量大，其中蛋白质、维生素含量低，单独饲喂秸秆时，瘤胃中微生物生长繁殖受阻，影响饲料的发酵，难以满足牛对能量和蛋白质的需要。应采取适当的补饲措施，并结合适当的加工处理，如氨化等，能提高牛对秸秆的消化利用率。

(1)常用秸秆的种类及特性

①玉米秸　玉米秸粗蛋白质含量为6%左右，粗纤维为30%左右。牛对其粗纤维的消化率为65%左右。同一株玉米秸的营养价值，上部比下部高，叶片较茎秆高。玉米穗苞叶和玉米芯营养价值很低。

②麦秸　该类饲料不经处理，对牛没有多大营养价值。能量低，消化率低，适口性差，是质量较差的粗饲料。春小麦比冬小麦好，燕麦秸的饲用价值最高。

③稻草　营养价值低于玉米秸、谷草和优质小麦秸。

④谷草　质地柔软，营养价值较麦秸、稻草高。在禾本科秸秆中，谷草品质最好。

⑤豆秸　大豆秸木质素含量高，消化率低。在豆秸中，蚕豆秸和豌豆秸品质较好。由于豆秸质地坚硬，应粉碎后饲喂，以保证充分利用。

⑥豆荚　含粗蛋白质5%～10%，无氮浸出物42%～50%。大豆皮(大豆加工中分离出的种皮)消化率高，对于牛其营养价值相当于玉米等谷物，对于育肥肉牛有助于保持日粮粗纤维的理想水平。

⑦谷类皮壳　包括小麦壳、大麦壳、高粱壳、稻壳、谷壳等。营养价值略高于同一作物的秸秆。稻壳的营养价值最差。

⑧棉籽壳　虽然含棉酚，但对育肥牛影响不大，可占日粮粗饲料的40%，喂小牛时最好和其他粗料搭配使用，以防棉酚中毒。

⑨甘蔗梢　是收获甘蔗时砍下的顶上2～3个嫩节和青绿色叶片的统称，为甘蔗的副产品，富含糖分和蛋白质，20多种氨基

酸、硫胺素、核黄素、维生素 $B_6$、烟酸、叶酸、泛酸等各种维生素的含量都很丰富。纤维幼嫩，味甜，牛喜吃，有促长、增膘、泌乳量持续增长及润肺止咳、保健等功效。每667 米$^2$ 一般产1吨左右，是南方甘蔗产区冬春枯草季节难能可贵的大宗且最优质的青绿饲料。

(2)秸秆的加工处理技术

①粉碎、铡短处理　秸秆经粉碎、铡短处理后，体积变小，便于牛采食和咀嚼，增加了与瘤胃微生物的接触面，可提高过瘤胃速度，增加牛的采食量。由于秸秆粉碎、铡短后在瘤胃中停留时间缩短，养分来不及充分降解发酵，便进入了真胃和小肠，所以消化率并不能得到改进。用于肉牛的秸秆饲料不提倡全部粉碎，一方面是由于粉碎加工会增加饲养成本，另一方面粗饲料过细反而不利于牛的咀嚼和反刍。铡短是秸秆处理中常用的一种方法。过长、过细都不好，一般在肉牛生产中，根据年龄情况以2～4厘米为好。

②气爆处理　气爆，也称热喷，秸秆气爆技术和设备最早由内蒙古畜牧科学院于1989年研制成功，并获得国家发明专利。后来，由于设备耗能高，噪声大，而没有被推广。后经江苏金泰高能饲草饲料公司的科研人员在气爆设备的关键部件上进行了改进，使得这项技术得以推广应用。秸秆气爆加工的原理是物料在密闭容器内经0.5～2.5兆帕的热压蒸汽作用1～30分钟后突然释放，使物料发生木质素熔化、纤维素分子断裂、纤维消化率提高的过程。气爆处理降低了纤维素的结晶度，减少了秸秆中半纤维素含量，增加了秸秆的孔隙度，使得瘤胃中纤维素酶对纤维素底物的可及性增加，从而提高了纤维素的酶解转化率。

早期试验证实，用汽爆秸秆饲喂肉牛和奶牛，干物质消化率可以提高50%以上，采食量提高60%以上，在肉牛相同增重速度和奶牛相同产奶量情况下，气爆秸秆可以替代粮食50%以上。

③揉搓处理　揉搓处理比铡短处理秸秆又进了一步，经揉搓

的玉米秸呈柔软的丝条状，能增加适口性。牛的吃净率由秸秆全株的70%提高到90%以上。对于肉牛，揉碎的玉米秸是一种价廉的、适口性好的粗饲料。目前，揉搓机正在逐步取代铡草机。

④制粒与压块处理 制粒的目的是为了便于肉牛机械化饲养和自动饲槽的应用。由于颗粒料质地硬脆，大小适中，便于咀嚼和改善适口性从而提高采食量和生产性能，减少秸秆的浪费。秸秆和精饲料、添加剂按比例制成颗粒，效果更佳。肉牛的颗粒料以直径6～8毫米为宜。秸秆压块能最大限度地保存其营养成分，而且经压块后体积缩小，便于贮存运输。秸秆经高温、高压挤压成形，使秸秆的纤维结构遭到破坏，粗纤维的消化率可提高25%。

⑤氨化处理 秸秆中含氮量低，氨化处理时秸秆与氨相遇，其有机物就与氨发生氨解反应，打断木质素与半纤维素的结合，破坏木质素—半纤维素—纤维素的复合结构，使纤维素与半纤维素被释放出来，被微生物及酶分解利用。氨是一种碱，处理后使木质化纤维膨胀，增大空隙度，提高渗透性。氨化能使秸秆含氮量增加1～1.5倍，粗纤维含量降低10%，牛对秸秆采食量和消化率提高20%以上。

堆贮法：适用于液氨处理、大量生产。先将6米×6米塑料薄膜铺在地面上，在上面垛秸秆。草垛底面积以5米×5米为宜，高度接近2.5米。秸秆原料含水量要求20%～40%，一般干秸秆仅为10%～13%，故需边码垛边均匀地洒水，使秸秆含水量达到30%左右。草码到0.5米高处，于垛上面分别平放直径10毫米、长4米的硬质塑料管2根，在塑料管前端2/3长的部位钻若干个直径为2～3毫米的小孔，以便充氨。后端露出草垛外面约0.5米长。通过胶管接上氨瓶，用铁丝缠紧。堆完草垛后，用10米×10米塑料薄膜盖严，四周留下0.5～0.7米宽的余头。在垛底部用一长杠将四周余下的塑料薄膜上下合在一起卷紧，用石头或土压住，输氨管要外露。按秸秆重量3%的比例向垛内缓慢输入液氨。输氨结束后，抽出塑料管，立即将余孔堵严。

窖贮法：适用于氨水处理、尿素处理，中、小规模生产。氨水用量按3升/(氨水含氮量×1.21)计算。如氨水含氮量为15%，每100千克秸秆需氨水量为3升/(15%×1.21)=16.5升。尿素用量见小垛法。

小垛法：适用于尿素处理，农户少量生产制作。在庭院内向阳处地面上，铺2.6米$^2$塑料薄膜，取3～4千克尿素，溶解在40～55升水中，将尿素溶液均匀喷洒在100千克秸秆上，堆好踏实。最后用13米$^2$塑料薄膜盖好封严。小垛氨化以100千克为1垛，占地少，易管理，塑料薄膜可连续使用，投资少，简便易行。

氨化的时间应根据气温和对秸秆的感观来确定，一般1个月左右。根据气温确定氨化天数，并结合查看秸秆颜色变褐黄即可。饲喂时一般经2～5天自然通风可将氨味全部放掉，呈煳香味时才能饲喂，如暂时不喂可不必开封放氨。

⑥“三化”复合处理新技术　由曹玉凤等(1997)研究的秸秆“三化”复合处理技术，发挥了氨化、碱化、盐化的综合作用，弥补了氨化成本过高、碱化不易久贮、盐化效果欠佳单一处理的缺陷。经试验证明，“三化”处理的麦秸与未处理组相比各类纤维都有不同程度的降低，干物质瘤胃降解率提高22.4%，饲喂肉牛日增重提高48.8%，饲料/增重降低16.3%～30.5%，而“三化”处理成本比普通氨化(3%～5%尿素)降低32%～50%，肉牛育肥经济效益提高1.76倍。

处理液的配制见表3-1。将尿素、生石灰粉、食盐按比例放入水中，充分搅拌溶解，使之成为浑浊液。

**表 3-1　处理液的配制**

| 秸秆种类 | 秸秆重量（千克） | 尿素用量（千克） | 生石灰用量（千克） | 食盐用量（千克） | 水用量（升） | 贮料含水量（%） |
|---|---|---|---|---|---|---|
| 干麦秸 | 100 | 2 | 3 | 1 | 45～55 | 35～40 |
| 干稻草 | 100 | 2 | 3 | 1 | 45～55 | 35～40 |
| 干玉米秸 | 100 | 2 | 3 | 1 | 40～50 | 35～40 |

此方法适合窖贮（土窖、水泥窖均可），也可用小垛法、塑料袋或水缸，其余操作同氨化处理。

⑦秸秆微贮技术　秸秆微贮饲料就是在秸秆中加入微生物高效活性菌种——秸秆发酵活干菌，放入密封的容器（如水泥池、土窖）中贮藏，经一定的发酵过程，使秸秆变成具有酸、香味而牛喜欢吃的饲料。

窖的建造：微贮的建窖和青贮窖相似，也可选用青贮窖。

秸秆的准备：应选择无霉变的新鲜秸秆，麦秸铡成 2～5 厘米长，玉米秸最好铡成 1 厘米左右或粉碎（孔径 2 厘米筛片）。

复活菌种并配制菌液：根据当天预计处理秸秆的重量，计算出所需菌剂的数量，按以下方法配制。

菌种的复活：在处理秸秆前将菌剂 3 克倒入 2 升水中，充分溶解，然后在常温下放置 1～2 小时使菌种复活，复活好的菌剂一定要当天用完。

菌液的配制：将复活好的菌剂倒入充分溶解的 0.8%～1%食盐水中拌匀，食盐水及菌液量的计算方法见表 3-2。菌液对入盐水后，再用潜水泵循环，使其浓度一致，之后就可以喷洒。配好的菌液不能过夜，当天一定要用完。

表 3-2　菌液配制

| 秸秆种类 | 秸秆重量（千克） | 秸秆发酵活干菌用量（克） | 食盐用量（千克） | 自来水用量（升） | 贮料含水量（%） |
|---|---|---|---|---|---|
| 稻麦秸秆 | 1000 | 3 | 9～12 | 1200～1400 | 60～70 |
| 黄玉米秸 | 1000 | 3 | 6～8 | 800～1000 | 60～70 |
| 青玉米秸 | 1000 | 1.5 | — | 适　量 | 60～70 |

装窖：土窖应先在窖底和四周铺上一层塑料薄膜，在窖底先铺放 20 厘米厚的秸秆，均匀喷洒菌液，压实后再铺秸秆 20 厘米厚，再喷洒菌液压实。大型窖要采用机械化作业，压实用拖拉机，喷洒菌液可用潜水泵。在操作中要随时检查贮料含水量是否均匀合适，层与层之间不要出现夹层。检查方法是取秸秆用力握紧，指缝间有水但不滴下，水分为 60%～70%最为理想，否则为过高或过低。

加入精料辅料：在微贮麦秸和稻草时应加入 0.3%左右的玉米粉、麸皮或大麦粉以利于发酵初期菌种生长，提高微贮质量。加精料辅料时应铺一层秸秆，撒一层精料粉，再喷洒菌液。

封窖：秸秆分层压实直到高出窖口 100 厘米，再充分压实后，在最上面一层均匀撒上食盐，再压实后盖上塑料薄膜。食盐的用量为每平方米 250 克，其目的是确保微贮饲料上部不发生霉烂变质。盖上塑料薄膜后，在上面撒上 20～30 厘米厚的稻草、麦秸，覆土 15～20 厘米厚，密封。密封的目的是为了隔绝空气与秸秆接触，保证微贮窖内呈厌氧状态。在窖边挖排水沟防止雨水积聚。窖内贮料下沉后应随时加土使之高出地面。

秸秆微贮饲料的质量鉴定：优质微贮青玉米秸秆饲料的色泽呈橄榄绿，稻草、麦秸呈金黄褐色。如果变成褐色或墨绿色则质量较差。优质秸秆微贮饲料具有醇香和果香气味，并具有弱酸味。若有强酸味，则表明醋酸较多，这是由于水分过多和高温发酵所造成的。若有腐臭味、发霉味则不能饲喂。优质微贮饲料拿到手里感到很松散，质地柔软湿润。若拿到手里发黏，或者黏到一起，说明质量不佳。若有的虽然松散，但干燥粗硬，也属不良的饲料。

秸秆微贮饲料的取用与饲喂技术：根据气温情况，秸秆微贮饲料一般需在窖内贮藏 21～45 天才能取喂。开窖时应从窖的一端开始，先去掉上边覆盖的部分土层、草层，然后揭开塑料薄膜，从上到下垂直逐段取用。每次取出量应以当天喂完为宜，坚持每天取料，每层所取的料不应少于 15 厘米，每次取完后要用塑料薄膜将窖口密封，尽量避免与空气接触，以防止二次发酵和变质。

一般育肥牛每天可喂 15～20 千克，冻结的微贮饲料应先化开后再用。由于制作微贮中加入了食盐，应在饲喂时由日粮中扣除食盐的数量。

**4. 青贮饲料**　青贮饲料在各种粗饲料加工中保存的营养物质最高(保存 90%的营养)，可解决冬季青饲料供应问题，并且占地面积小，可避免火灾，还可以使一些有毒物质如单宁得到降解。在密封状态下可以长年保存，制作简便，成本低廉。青贮的关键在于创造适宜的条件，在厌氧环境中，保证乳酸菌迅速生长繁殖，产生足够的乳酸，抑制有害菌增殖，杜绝腐败发酵，否则就会影响青贮饲料品质，降低营养价值和适口性。

(1)一般青贮的制作方法

①青贮设备　以窖贮形式为多，包括地下式和半地下式两种(图 3-1，图 3-2)。地下水位低，土质坚硬地区宜采用地下式；地下水位高或沙砾较多、土层较薄的地区宜采用半地下式窖。长方形窖，内壁呈倒梯形，窖四角做成圆形，便于青贮原料下沉。土窖壁要光滑，如果利用时间长，最好用水泥抹面做成永久性窖。半地下窖内壁上下要垂直，窖底像锅底，先把地下部分挖好，再用湿黏土、土坯、砖、石等向上垒起 1 米高，地上部分窖壁厚不应小于 0.7 米，以防透气。

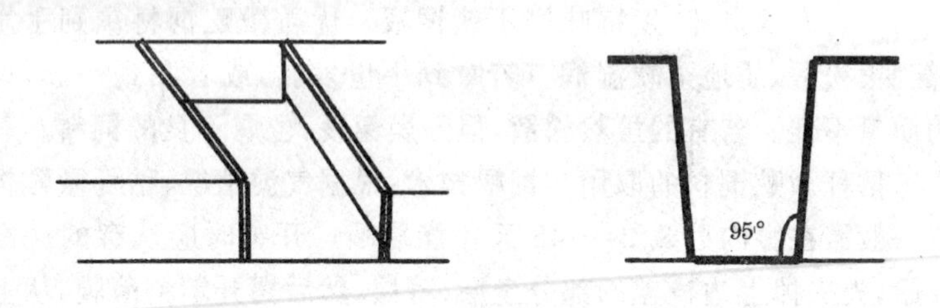


图 3-1 地下式青贮窖

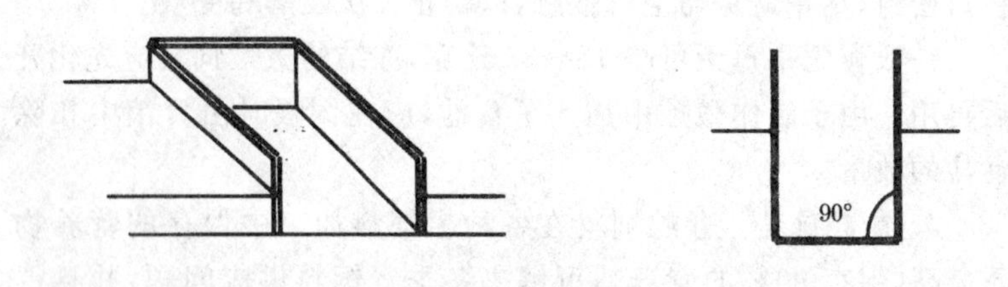


图 3-2 半地下式青贮窖

②青贮窖容量　青贮窖的宽、深取决于每日饲喂的青贮量，通常以每日取料的挖进量不少于 15 厘米为宜。在宽度和深度确定后，根据青贮需要量，计算出青贮窖的长度。

③常用的青贮原料　玉米带穗青贮，即在玉米乳熟后期收割，将茎叶与玉米穗整株切碎进行青贮，这样可以最大限度地保存蛋白质、碳水化合物和维生素，具有较高的营养价值和良好的适口性。

收获果穗后的玉米秸上能保留 1/2 的绿色叶片，适于青贮。若部分秸秆发黄，3/4 的叶片干枯视为青黄秸，青贮时每 100 千克需加水 5～15 升。目前已培育出收获果穗后玉米秸全株保持绿色的玉米新品种，很适合做青贮。为了提高蛋白质含量，可加上 0.5%尿素进行青贮，使玉米青贮蛋白质含量达到 12%～13%，可降低饲料成本，提高饲料利用效率。

另外，甘蔗梢、甘薯蔓、各种青草等都适合做青贮饲料。

④青贮的制作

原料适时刈割：青贮原料过早刈割，水分多，不易贮存，过晚刈割，营养价值降低。收获玉米后的玉米秸应尽快青贮，不应长期放置。禾本科草类在抽穗期，豆科草类在孕蕾及初花期刈割为好，含水量超过70％时，应将原料适当晾晒到含水量为60％～70％。不容易晾晒的原料，如香蕉茎叶，可以采取混合青贮的方式，即一层干秸秆（干稻草、干麦秆等）一层青贮原料进行混贮。

切短的长度：细茎牧草以7～8厘米为宜，玉米秸等较粗的作物秸秆最好不要超过1厘米。

装填：选择晴好的天气进行，尽量当天装完，防止变质和雨淋。装填时要逐层铺平、压实，特别是窖的四壁要压紧。如果是土窖，四壁和窖底衬上塑料薄膜（永久性窖可不铺衬），先在窖底铺一层10厘米厚的干草，以便吸收青贮液汁，然后把铡短的原料逐层装入压实。由于封窖数天后，青贮原料会下沉，所以最后一层应高出窖口0.5～0.7米。

封严及整修：原料装填完毕后要及时封严，防止漏水、漏气是保障质量的关键。青贮窖可先用塑料薄膜覆盖，然后用土封严，四周挖排水沟。封顶后2～3天，在下陷处填土，使其紧实隆起。

为了便于记忆和掌握青贮技术，曾有人总结了以下几句话："搞青贮也不难，集中力量两三天。先挖窖后选料，适期收割要新鲜。水分含量（％）七十五，糖水适量互补全。切碎压实是关键，经常检查封闭严。"

（2）地面堆贮　这种形式贮量较少，保存期短，适合于小型养殖规模。选择干燥、平坦的地方，最好是水泥地面。先按设计好的堆形用木板隔挡四周，也可以在四周垒上临时矮墙，铺塑料薄膜后再填青料，将铡短的原料装入，并随时踏实。达到要求高度后，拆去围板。四围用塑料薄膜盖严，一般堆高 1.5～2 米、宽 1.5～2 米、堆长 3～5 米。顶部用泥土或重物压紧。

(3)塑料袋贮　大型的青贮设施适合于大型牛场的需要，而不适用于家庭饲养业。塑料袋青贮是小型养牛专业户最好的方法之一，既不需要机械设备，也不需多大投资，方法简单易行，又便于取用。袋的大小和数量应根据肉牛的饲养量而定。然后选料、切碎、装填、压实，其方法和原理与一般青贮法相同。塑料袋青贮要注意装实底部，边角要压紧。装填紧实后，封口结扎好，放在院落空闲处备用。贮备期间，要经常检查，防止漏气。有长、宽各 1 米，高 2.5 米的塑料袋，可装750～1 000 千克玉米青贮。1 个成品塑料袋能使用 2 年，在这期间内可反复使用多次。

(4)特殊青贮饲料的制作

①低水分青贮　低水分青贮也称半干青贮，其干物质含量比一般青贮饲料高 1 倍多。无酸味或微酸，适口性好，色深绿，养分损失少。制作低水分青贮时，青饲料原料应迅速风干，要求在收割后 24～30 小时，豆科牧草含水量达 50%左右，禾本科牧草达到 45%，在低水分状态下装窖、压实、封严。

②混合青贮　常用于豆科牧草与禾本科牧草混合青贮以及含水量较高的牧草(如鲁梅克斯草、紫云英、香蕉茎叶等)和非常规饲料与作物秸秆(玉米秸、麦秸、稻草等)进行的混合青贮。

豆科牧草与禾本科牧草混合青贮时的比例以 1∶1.3 为宜。含水量较高的牧草与秸秆进行混贮，每 100 千克牧草需加秸秆量可按下列公式进行计算：

$$\text{需加干秸秆量}(\%)=\frac{\text{牧草的含水量}-\text{理想含水量}}{\text{理想含水量}-\text{干秸秆的含水量}}\times 100$$

(5)青贮质量简易评定　主要根据色、香、味和质地判断青贮料的品质。优良的青贮料颜色黄绿色或青绿色，有光泽，气味芳香，呈酒酸味。表面湿润，结构完好，疏松，容易分离。不良的青贮原料颜色黑色或褐色，气味刺鼻，腐烂，黏滑结块，不能饲喂。

(6)青贮饲料的饲喂技术　一般青贮饲料在制作 45 天后即可开始取用，开始饲喂应由少到多逐渐过渡，让肉牛有 10 天的适应期。肉牛日喂量 4～5 千克/100 千克体重。

**5. 糟渣类饲料**　是酿造业和淀粉及豆腐加工行业的副产品，肉牛养殖户一般把它当做粗饲料，如果按干物质中的粗蛋白质含量计算，应把它列入蛋白质饲料类。其主要特点是水分含量高达 70%～90%，干物质中蛋白质含量为 25%～33%，B 族维生素丰富及含有一些有利于动物生长的未知生长因子。

(1)豆腐渣、酱油渣及粉渣　多为豆科子实类加工副产品，干物质中粗蛋白质的含量在 20%以上，粗纤维较高。维生素缺乏，消化率也较低。这类饲料水分含量高，一般不宜存放过久；否则，极易被真菌及腐败菌污染变质。

(2)酒糟　酒糟的营养价值高低因原料的种类不同而异。好的粮食酒糟和大麦啤酒糟要比薯类酒糟营养价值高 2 倍左右。酒糟含有丰富的蛋白质(19%～30%)、粗脂肪和丰富的 B 族维生素，是肉牛的一种廉价饲料。由于酒糟中含有一些残留的酒精，妊娠母牛不宜多喂。干酒糟的用量占饲料量的 5%～7%，鲜酒糟日喂量每头牛 7～8 千克。

酒糟的贮存技术：窖池的大小根据饲养肉牛数量而定。修建窖池时，要求四壁平整光滑，能够密封，防止渗水和漏气，且有利于酒糟的装填压实。窖底部设计坡度一般 2°左右，窖池中部相对低于两边，可设排水沟和出水孔，酒糟窖池取料开口处需根据每天用糟量而定，开口不要太大。

①单独贮藏　选用新鲜的酒糟，夏季选用生产 1 天内的酒糟，冬季不超过 3 天。运输途中防淋雨，凡被污染的、发臭变质的糟渣均不可用，贮存前对混入的土石块、塑料薄膜等杂物进行清理。贮藏中压实，严格密封厌氧，制作方法同青贮饲料的方法。

②特种贮藏技术　添加氯化铵可以提高酒糟的氮含量，并具有杀菌、抑菌作用，有助于防止开窖后酒糟二次发酵腐败。氯化铵添加量为0.3%，为了混合均匀和控制水平，可以制成氯化铵饱和溶液（40%），装窖时用喷雾器喷入。

**（二）精饲料及其加工处理**

精饲料是能量饲料和蛋白质饲料的总称。

**1. 能量饲料**　主要包括谷实类及其加工副产品（糠麸类）、块根、块茎类和瓜果类及其他。

（1）谷实类饲料　主要包括玉米、小麦、大麦、高粱、燕麦、稻谷和谷子等。其主要特点是能量高，粗蛋白质含量低，而且缺乏钙及维生素A、维生素D。根据肉牛不同生理阶段，一般占精饲料的50%左右，育肥后期可占70%左右。

①玉米　玉米被称为饲料之王。其特点是含能量高，是一种理想的过瘤胃淀粉来源。蛋白质含量低，钙、磷均少，且比例不合适，是一种养分不平衡的高能饲料。高油玉米由于含蛋白质和能量比普通玉米高，替代普通玉米可以提高牛肉品质，使肉牛背最长肌大理石花纹等级和不饱和脂肪酸含量提高。

②高粱　高粱能量仅次于玉米，蛋白质含量略高于玉米。因含有单宁，适口性差。用于肉牛的饲用价值相当于玉米的90%～95%。与玉米配合使用效果更好。要注意高粱喂牛易引起便秘。

③大麦　大麦的蛋白质含量高于玉米，能量低于玉米，富含B族维生素，缺乏维生素A、维生素D、维生素K及维生素$B_{12}$。用于饲喂肉牛与玉米价值相当。

大麦可以改善牛肉等级，增加脂肪白色和硬度。高档牛肉生产中，在肉质改善期（22月龄以后），精饲料中大麦应大于25%。加工时适合蒸汽压片、压扁或粗粉碎，但不要磨细。

④小麦　小麦与玉米相比，能量较低，蛋白质及维生素含量较高，缺乏赖氨酸，所含B族维生素及维生素E较多，维生素A、维

生素D、维生素C、维生素K则较少。小麦的过瘤胃淀粉较玉米、高粱低，肉牛饲料中的用量以不超过50%为宜，并以粗碎和压片效果最佳，不能整粒饲喂或粉碎得过细。

(2)糠麸类饲料　糠麸类饲料为谷实类饲料的加工副产品，其营养价值受原料种类、加工精度和方法的影响。一般糠麸类饲料的能量比原粮低，而蛋白质的数量和质量都超过原粮。饲喂量一般占肉牛精饲料的5%～20%。

麸皮包括小麦麸和大麦麸等。其营养价值因麦类品种和出粉率的高低而变化。由于钙低磷高，日粮中麸皮含量高时，要特别注意补钙。因磷、镁含量高而具有轻泻作用，是母牛产前产后的好饲料，育肥牛不宜多喂，应和其他谷物配合使用。

米糠的营养变化较大，随含壳量的增加而降低。粗脂肪含量高，易在微生物及酶的作用下发生酸败。为使米糠便于保存，可经脱脂生产米糠饼。适量的米糠可改善牛的胴体品质，增加肥度，但采食过量可使肉牛体脂肪软化变黄，一般米糠可占饲料的20%，脱脂米糠可用30%。

玉米皮是玉米加工淀粉时的副产品，由玉米皮、玉米胚芽和胚乳组成。蛋白质和粗纤维含量高于玉米，能量低于玉米，适口性比麸皮好，在肉牛生产中可代替日粮中的麸皮。

(3)块根、块茎及瓜果类饲料　主要包括甘薯、马铃薯、木薯等。按干物质中的营养价值来考虑，属于能量饲料。

甘薯又称红薯、白薯、地瓜、山芋等，是我国主要薯类之一。甘薯富含淀粉，能量低于玉米，粗蛋白质及钙含量低，适口性好，生熟均可饲喂。在平衡蛋白质和其他养分后，可取代牛日粮中能量来源的50%。甘薯如有黑斑病，含毒性酮，可使牛患气喘病，严重者甚至死亡。

马铃薯又称土豆，其成分特点与其他薯类相似，与蛋白质饲料、谷实类饲料混喂效果较好。马铃薯贮存不当发芽时，在其青绿皮上、芽眼及芽中含有龙葵素，采食过量会导致中毒。因此，马铃薯要注意保存，若已发芽，饲喂时一定要清除皮和芽，并进行蒸煮，蒸煮用的水不能用于喂牛。

胡萝卜也为能量饲料，但其水分含量高，容积大，含丰富的胡萝卜素，一般多作为冬季调剂饲料，而不作为能量饲料使用。

糖渣为制糖工业的副产品。其主要成分为糖类，蛋白质含量较低，矿物质含量较高，维生素低，水分高，能值低，具有轻泻作用。肉牛用量宜占日粮的5%～10%。

**2. 蛋白质饲料** 干物质中粗纤维含量在18%以下，粗蛋白质含量为20%以上的饲料。蛋白质饲料根据其品质的不同和肉牛不同生理阶段，一般占精补料的15%～30%。用于肉牛的主要是植物性蛋白质饲料和非蛋白氮饲料。肉牛禁用动物性蛋白质饲料。

(1)饼(粕)类饲料　大豆饼(粕)在饼(粕)类之中居首，其粗蛋白质含量为38%～47%，且品质较好。

棉籽饼(粕)由于棉籽脱壳程度及制油方法不同，营养价值差异很大。完全脱壳的棉仁制成的棉仁饼(粕)粗蛋白质含量可达40%～44%，而由不脱壳的棉籽直接榨油生产出的棉籽饼(粕)粗纤维含量达16%～20%，粗蛋白质仅为20%～30%。带有一部分棉籽壳的棉仁(籽)饼(粕)蛋白质含量为34%～36%。棉籽饼(粕)蛋白质的品质不太理想。棉籽饼(粕)中含有对牛有害的游离棉酚，如果摄取过量(日喂8千克以上)或食用时间过长，易发生中毒。犊牛日粮中一般不超过20%，种公牛日粮不宜超过30%。

花生饼(粕)的饲用价值仅次于豆饼(粕)，其能量和粗蛋白质含量都较高，粗蛋白质可达44%～48%。带壳的花生饼(粕)粗纤维含量为20%～25%，粗蛋白质及有效能值相对较低。

菜籽饼(粕)粗蛋白质含量在34%～38%，适口性较差，并且含有有害物质芥子苷，在肉牛日粮中要限量(不超过10%)，并与其他饼(粕)搭配使用。

饼(粕)类饲料还有胡麻饼(粕)、芝麻饼(粕)、葵花籽饼(粕)等都可以作为肉牛蛋白质补充料。用量不宜过高,几种饼(粕)搭配使用,效果好。

(2)玉米加工的副产品　玉米蛋白粉由于加工方法及条件不同,蛋白质的含量变异很大,在25%～60%。蛋白质的利用率较高,由于其比重大,应与其他体积大的饲料搭配使用。一般肉牛精饲料中可使用5%左右。

玉米胚芽饼粗蛋白质含量20%左右,由于价格较低,蛋白质品质好,近年来在肉牛日粮应用较多,一般肉牛精料中可使用15%左右。

玉米酒精糟是指用固体发酵法或液体发酵法制取乙醇后的副产品,营养价值受原料及发酵工艺等因素影响,差异很大。粗蛋白质含量为20%～30%,并含有未知生长因子。因氨基酸含量及利用率都不理想,不适宜作为唯一的蛋白源。肉牛用量以20%以下为宜。

(3)单细胞蛋白质饲料　主要包括酵母、真菌及藻类。以酵母最具有代表性,其粗蛋白质含量为40%～50%,生物学价值较高,含有丰富的B族维生素。肉牛日粮中用量一般不超过10%。

(4)尿素及其他非蛋白氮物质　尿素含氮46%左右,其蛋白质当量为288%,按含氮量计,1千克含氮为46%的尿素相当于6.8千克含粗蛋白质42%的豆饼。尿素的溶解度很高,在瘤胃中很快转化为氨。尿素饲喂不当会引起致命性的中毒,所以使用尿素时应注意以下几点:①瘤胃微生物对尿素的利用有一个逐渐适应的过程,尿素的用量应逐渐增加,应有2～4周的适应期,以便保持肉牛的采食量。②只能在6月龄以上的牛日粮中使用尿素,因为6月龄以下时瘤胃尚未发育完全。③尿素不宜单喂,应与其他精料搭配使用。也可调制成尿素溶液喷洒或浸泡粗饲料,或调制成尿素青贮料，或制成尿素颗粒料、尿素精料砖等。④不可与生大豆或含脲酶高的生大豆粕同时使用。⑤禁止将尿素溶于水中饮用，喂尿素1小时后再给牛饮水。⑥尿素的用量一般不超过日粮干物质的1%，或每100千克体重用15～20克。⑦注意氨的中毒。当瘤胃氨的水平上升到80毫克/毫升，血氨浓度超过5毫克/毫升就可出现中毒，一般表现为神经症状、肌肉震颤、呼吸困难、强直性痉挛，0.5～25小时发生死亡。灌注醋酸中和氨或用冷水使瘤胃降温可以防止死亡。为降低尿素在瘤胃中的分解速度，改善尿素氮转化为微生物氮的效率，防止牛尿素中毒，可采用缓释型非蛋白氮饲料，如糊化淀粉尿素、异丁基二脲、磷酸脲、羟甲基尿素等。

**3. 精饲料的加工处理**

(1)粉碎　玉米、小麦等整粒直接饲喂肉牛，消化率低，易导致牛粪中有未经消化的整粒或碎片排出体外。经粉碎后的子实便于咀嚼，可增加饲料与消化液的接触面，提高饲料的消化率。

目前，一部分养殖户的饲料粉碎得过细。磨碎过细的饲料，肉牛咀嚼不良，甚至不经咀嚼即行吞咽，与唾液混合不良，反而会妨碍消化，特别是小麦粉极易糊口，并在消化道中形成很黏的面团状物不利消化。相反，磨得太粗，则达不到饲料粉碎的目的。研究表明，将目前通常使用的玉米14目粉碎降低到7～10目粉碎，可以加快玉米的粉碎速度，降低玉米加工成本(电费、机器磨损、人工费)3～5元/吨，提高玉米利用率2%左右。另外，子实饲料经粉碎后，与空气的接触面积增加，容易吸湿反潮和氧化，尤其含脂肪丰富的子实，粉碎后贮存不当，易变质且带苦味。因此，一次粉碎数量不宜过多。

(2)浸泡　豆类、油饼类、谷类子实等经水浸泡后，因吸收水分而膨胀柔软，所含有毒物质和异味均可减轻，适口性提高，也容易咀嚼，从而利于消化。用水量随浸泡饲料的目的不同而有差异，以泡软饲料为目的时，一般料水比为1∶1～1.5，即手握饲料指缝渗出水滴为准，饲喂前不需脱水，可直接饲喂。而以溶去有毒物质为目的时，料水比应达到1∶2。饲喂前应滤去未被饲料吸收的水分。浸泡时间长短应随环境温度及饲料种类不同而异，以不引起饲料变质为原则。豆类饲料蛋白质含量高，夏天易腐败而产生有害物质，故不宜浸泡。

(3)蒸煮和焙炒　蒸煮或高压蒸煮可以进一步提高饲料的适口性。大豆经过蒸煮和焙炒可破坏其中的抗胰蛋白酶，从而提高大豆的消化率和营养价值。一般来说，肉牛因有瘤胃微生物的作用，不需经过加热处理，但犊牛除外。

(4)蒸汽压片　一般将谷物先经100℃～110℃蒸汽调制处理30～60分钟，然后用预热后的压辊碾成特定密度的谷物片。在国外应用很普遍，国内规模牛场已经开始使用。

其机制是一个淀粉凝胶糊化的过程，提高淀粉在消化道的消化率。另外，谷物在加工过程中，蛋白质的结构得到改变，有利于牛对蛋白质的消化吸收。因此，蒸汽压片技术对玉米、小麦、大麦等谷物进行加工处理可以显著提高利用率，减少饲料浪费，降低对环境的污染。

**(三)矿物质饲料**

矿物质饲料一般指为牛提供食盐、钙源、磷源的饲料。肉牛禁用骨粉等动物饲料。

**1. 食盐**　补充植物性饲料中钠和氯的不足，提高饲料的适口性，增加食欲。肉牛喂量为精饲料的1%～2%。

**2. 石粉**　是廉价的钙源，含钙量一般为33%～38%。肉牛喂量为精饲料的1%左右。

**3. 磷酸钙**　磷酸氢钙含磷量18%以上，含钙量不低于23%；磷酸二氢钙含磷21%，钙20%；磷酸钙(磷酸三钙)含磷20%，钙39%，是常用的无机磷源饲料。肉牛喂量为精饲料的0.5%左右。

### (四)饲料添加剂

饲料添加剂是指在配合饲料中加入的各种微量成分。其作用是完善饲料的营养性,提高饲料的利用率,促进肉牛的生产性能和预防疾病,改善产品品质等。

**1. 微量元素添加剂** 主要是补充饲粮中微量元素的不足。肉牛日粮中需要补充7种微量元素:铁、铜、锌、锰、钴、碘、硒。使用时养殖户应购买肉牛不同生理时期(如育成牛、母牛、育肥牛等)肉牛专用微量元素添加剂,切不可使用猪、鸡等畜禽的添加剂代替。

**2. 维生素添加剂** 成年牛的瘤胃微生物可以合成维生素K和B族维生素,肝、肾中可合成维生素C,一般除犊牛外,不需额外添加,只需考虑补充维生素A、维生素D、维生素E。

**3. 缓冲剂** 对于肉牛,要获取较高的生产性能,必须供给较多的精料。但精料量增多,粗饲料减少,会形成过多的酸性产物。另外,大量饲喂青贮饲料,也会造成瘤胃酸度过高,影响牛的食欲,瘤胃pH值下降,抑制瘤胃微生物区系,对饲料消化能力减弱。在高精料日粮或大量饲喂青贮料时,适当添加缓冲剂,可以增加瘤胃内碱性蓄积,改善瘤胃发酵,增强食欲,提高养分消化率,防止酸中毒。

比较理想的缓冲剂首推碳酸氢钠(小苏打),其次是氧化镁。实践证明,缓冲剂以合适的比例混合共用,效果更好。

(1)碳酸氢钠 主要作用是调节瘤胃酸碱度,增进食欲,提高饲料消化率以满足生产需要。用量一般占精料混合料的1%~1.5%,添加时可采用每周逐渐增加(0.5%,1%,1.5%)喂量的方法,以免造成初期突然添加使采食量下降。碳酸氢钠与氧化镁合用比例以2~3∶1较好。

添加碳酸氢钠,应相应减少食盐的喂量,以免钠食入过多,应同时注意补氯。

(2)氧化镁　主要作用是维持瘤胃适宜的酸度，增强食欲，增加日粮干物质采食量，有利于粗纤维和糖类消化。用量一般占精料混合料的0.75%～1%或占整个日粮干物质的0.3%～0.5%。

**4. 瘤胃发酵调控剂**　包括瘤胃素、盐霉素等。可提高肉牛的增重及饲料转化率。放牧肉牛和以粗饲料为主的舍饲肉牛，每日每头添加150～200毫克瘤胃素，日增重比对照牛提高13.5%～15%，放牧肉牛日增重提高23%～45%。高精料强度育肥舍饲肉牛，每日每头添加150～200毫克瘤胃素，日增重比对照组提高1.6%，每千克增重减少饲料消耗7.5%；若每千克日粮干物质添加30毫克，饲料转化率提高10%左右。瘤胃素的用量，肉牛每千克日粮30毫克或每千克精料混合料40～60毫克。要均匀混合在饲料中，最初喂量可低些，以后逐渐增加。

**5. 抗生素添加剂**　由于抗生素饲料添加剂会干扰成年牛瘤胃微生物，一般不在成年牛中使用，只应用于犊牛。

(1)杆菌肽锌　毒性小，抗药性小。杆菌肽锌作为饲料添加剂具有杀灭病原菌，能使肠壁变薄，从而有利于营养吸收的功效。犊牛每吨饲料添加10～100克(3月龄以内)、4～40克(3～6月龄)。

(2)硫酸黏杆菌素　作为饲料添加剂使用时，可促进生长和提高饲料利用率，对沙门氏菌、大肠杆菌、绿脓杆菌等引起的菌痢具有良好的防治作用。但大量使用可导致肾中毒。犊牛每吨饲料添加5～40克，停药期7天。

(3)黄霉素　它干扰细胞壁结构物质肽聚糖的生物合成而抑制细菌生长繁殖，为畜禽专用抗菌促长药物。作为饲料添加剂不仅可防治疾病，还有降低肠壁厚度、减轻肠壁重量的作用，从而促进营养物质在肠道的吸收，促进动物生长，提高饲料利用率。肉牛每天30～50毫克/头。

## 二、肉牛饲料的使用技术

肉牛饲料的使用应根据肉牛不同的生理阶段，本着经济性的原则，选择多种饲料原料，进行合理搭配，可以使饲料营养得到互补，提高日粮营养价值和饲料利用率，并且肉牛日粮应有一定的体积和干物质含量，所用的日粮数量要使牛吃得下、吃得饱，并且能满足营养需要。

根据牛的消化生理特点，精饲料与粗饲料之间的比例，关系到肉牛的育肥方式和育肥速度，并且对肉牛健康十分必要。以干物质为基础，日粮中粗饲料比例一般在40%～60%，强度育肥期精饲料可高达70%～80%。

根据目前市场情况，肉牛的饲料分为肉牛预混料、浓缩料和精料补充料。

### （一）肉牛预混料使用技术

在实际生产中，添加剂种类很多，用量极小，如果直接向配合饲料中添加，很难混匀。因此，在向配合饲料添加之前，先将添加剂和合适的载体或稀释剂，通过一定的加工工艺混合均匀，以增大体积，提高在配合饲料中的添加量，使微量的添加剂能够在配合饲料中均匀分布。这种由一种或多种添加剂与载体和（或）稀释剂均匀混合后的混合物叫添加剂预混料，简称预混料。

肉牛的预混料包括单一预混料（如微量元素或维生素添加剂）和复合预混料（包括维生素、微量元素、小苏打等添加剂）。它是一种不完全饲料，不能单独直接喂肉牛。预混料在肉牛精料中的用量一般为1%～5%，养殖户购买时应了解预混料所含成分，按配方需要购买。为了方便使用，可购买复合预混料。但由于复合预混料中的微量元素对维生素的破坏作用，购买时应选购在产品有效期内的产品，并且出厂时间越短越好。使用时应根据产品标示，按说明使用。由于预混料占的比例较小，和精料混合时，应采取逐级稀释再混匀的办法。

**(二)肉牛浓缩饲料使用技术**

肉牛的浓缩饲料是指蛋白质饲料、矿物质饲料(钙、磷和食盐)和添加剂预混料按一定比例配制而成的均匀混合物。浓缩饲料不能直接饲喂肉牛，使用前要按标定含量配一定比例的能量饲料(主要是玉米、麸皮)，成为精料混合料，才能饲喂。

目前，市场上肉牛浓缩料品种很多，由于浓缩料在精料中的使用比例以及饲喂不同生理阶段的肉牛需要不同的浓缩料，所以浓缩料的营养成分也有很大差异，养殖户可以根据自己的能量饲料(玉米、麸皮)和肉牛的生理阶段情况购买使用。

**(三)肉牛精料补充料使用技术**

肉牛精料补充料又称精料混合料。是为了补充肉牛青粗饲料的营养不足而配制的饲料。由于肉牛的瘤胃生理特点，精料混合料使用时，应另喂粗饲料和多汁饲料。

肉牛精料补充料使用时，养殖户应首先根据自己的粗饲料情况和肉牛的不同生理时期购买不同的精料补充料。犊牛期不能用育成期的饲料，育肥牛不能用母牛料；如果粗饲料品种差，应购买粗蛋白质、能量高，质量好的饲料。

**思考题**

1. 肉牛常用粗饲料和精饲料包括哪几种?

2. 为什么粗饲料要进行加工处理？包括哪些方法?

3. 肉牛为什么要补充矿物质饲料和饲料添加剂？分别包括哪些?

4. 购买肉牛的预混料、浓缩饲料、精料补充料应注意什么问题？如何正确使用?

5. 使用尿素喂牛时应注意哪些问题?

# 第四章 肉牛的饲养管理与育肥技术

## 一、肉牛的饲养管理技术

### (一)犊牛的饲养管理技术

犊牛是指从初生至断奶阶段的小牛。这一阶段的主要任务是提高犊牛成活率,给育成期牛的生长发育打下良好基础。犊牛阶段又可分为初生期(出生至7日龄)和哺乳期(8日龄至断奶)两阶段。由于肉用母牛泌乳性能较差,所以肉用犊牛一般采取"母—犊"饲养法,即随母哺乳法。

**1. 初生期犊牛的饲养管理技术** 犊牛的抗病力、适应性和调节体温的能力均较差。因此,新生犊牛容易受各种病原微生物的侵袭而引起疾病,甚至死亡。

(1)*消除黏液* 初生犊牛的口鼻和身上沾有许多黏液。若是正常分娩,母牛会舔去犊牛身上的黏液,此举有助于刺激犊牛呼吸和加强血液循环。若母牛不能舔掉黏液,则要用清洁毛巾擦干,避免受凉,尤其要注意擦掉口鼻中的黏液,防止呼吸受阻,若已造成呼吸困难,应将其倒挂,并拍打胸部,促使黏液流出。

通常情况下,犊牛的脐带自然扯断。未扯断时,用消毒剪刀在距腹部6~8厘米处剪断脐带,将脐带中的血液和黏液挤净,用5%~10%碘酊浸泡2~3分钟即可,切记不要将药液灌入脐带内。断脐不要结扎,以自然脱落为好。另外,剥去犊牛软蹄。犊牛想站立时,应帮助其站稳。

(2)*早喂初乳* 初乳即母牛分娩后7天内分泌的母乳。初乳的营养丰富,尤其是蛋白质、矿物质和维生素A的含量比常乳高。

在蛋白质中含有大量的免疫球蛋白，对增强犊牛的抗病力具有重要作用。初乳中镁盐较多，有助于犊牛排出胎粪。初乳中还含有溶菌酶，具有杀灭各种病菌功能，同时初乳进入胃肠具有代替胃肠壁黏膜作用，阻止细菌进入血液。从犊牛本身来讲，初生犊牛胃肠道对母体原型抗体的通透性在出生后很快开始下降，约在18小时就几乎丧失殆尽。在此期间如不能吃到足够的初乳，对犊牛的健康就会造成严重的威胁。因此，犊牛出生后应在0.5～2小时尽量让其吃上初乳，方法是在犊牛能够自行站立时，让其接近母牛后躯，吮食母乳。对个别体弱的可人工辅助，挤几滴母乳于洁净手指上，让犊牛吸吮其手指，而后引导到乳头助其吮奶。

随着肉牛和牛肉价格的上涨，奶公犊作为肉牛牛源已经很普遍。但是由于肉牛场条件所限并普遍缺乏奶公犊培育技术，造成哺乳期死亡率很高，有的高达30%，增加了饲养成本。对于没有丰富初乳资源的肉牛场而言，最好购买出生2周以后的犊牛。因为奶牛场初乳资源丰富，可以让犊牛在原场吃足初乳（出生12小时内尽量吃足6升），一般饲养到2周后，犊牛已经具备了一定抵抗运输应激、疾病等能力，成活率高。

如果购买刚出生后的犊牛，到场后应饲喂初乳。12小时内吃够6升，尽可能采用人工饲喂，必要时可用胃管灌服。可以在奶牛场购买2～5胎健康奶牛的初乳（最好产犊6小时之内的初乳），为了保障初乳质量，不要购买：①稀薄如水样的初乳。②含血的初乳。③患乳腺炎母牛的初乳。④头胎牛和新购进牛的初乳。⑤产犊前挤奶或有严重初乳漏奶母牛的初乳。

初乳装入4千克的初乳袋，贴好标签，标记采集日期、母牛编号以及测量质量，进行速冻保存，备用。但注意冻乳不能反复冷冻、解冻。如果用经常使用的家用冰箱，保存时间不要超过6个月。初乳饲喂前在60℃下温水水浴解冻，奶温在38℃时饲喂；超过60℃会破坏免疫球蛋白。

**2. 哺乳期犊牛的饲养管理技术**

(1)哺乳　自然哺乳即犊牛随母吮乳,肉用牛较普遍。一般是在母牛分娩后,犊牛直接吸食母乳,同时进行必要的补饲。自然哺乳时应注意观察犊牛吸乳时的表现,当犊牛频繁地顶撞母牛乳房,而吞咽次数不多,说明母牛奶量少,犊牛不够吃,应加大补饲量;反之,当犊牛吸吮一段时间后,口角已出现白色泡沫时,说明犊牛已经吃饱,应将犊牛拉开,否则容易造成犊牛哺乳过量而引起消化不良。

培育奶公犊时,为了降低培育成本,可以选用犊牛代乳粉。3日龄可以由牛奶向代乳粉过渡,过渡期5天,7日龄完全饲喂代乳粉,直至断奶。代乳粉饲喂时,每天饲喂0.75千克,50℃～60℃的温水按1∶7比例稀释,当温度在39℃±1℃时,饲喂犊牛。每天饲喂3次,定时定量。饲喂代乳粉0.5小时后喂温水。

(2)补饲　传统的肉用犊牛的哺乳期一般为6个月,纯种肉牛养殖一般不实行早期断奶。我国的黄牛属于役肉兼用种,也不实行早期断奶。因此,传统上也不采取早期补饲方式。最近研究证明,早期断奶可以显著缩短母牛的产后发情间隔时间,使母牛早发情、早配种、早产犊,缩短产犊间隔,提高母牛的终生生产力和降低生产成本。另一方面,由于西门塔尔改良牛产奶量高,所以在挤奶出售的情况下,实行犊牛早期断奶也是非常有利的。实行犊牛早期断奶,提早补饲至关重要。早期喂给优质干草和精料,促进瘤胃微生物的繁殖,可促使瘤胃迅速发育。

从1周龄开始,在牛栏的草架内添入优质干草(如豆科青干草等),训练犊牛自由采食,以促进瘤胃、网胃发育。

出生后10～15天开始训练犊牛采食精饲料,初喂时可将少许牛奶洒在精料上,或与调味品一起做成粥状,或制成糖化料,涂擦犊牛口鼻,诱其舔食。开始时日喂干粉料10～20克,到1月龄时,每天可采食150～300克,2月龄时可采食到500～700克,3月龄时可采食到750～1 000克。犊牛料的营养成分对犊牛生长发育非常重要,可结合本地条件,确定配方和喂量。常用的犊牛料配方举例如下:

配方1:玉米30%,燕麦20%,小麦麸10%,豆饼20%,亚麻籽饼10%,酵母粉7%,维生素、矿物质3%。

配方2:玉米50%,豆饼30%,小麦麸12%,酵母粉5%,碳酸钙1%,食盐1%,磷酸氢钙1%(对于0～90日龄犊牛每吨料内加50克多种维生素)。

配方3:玉米50%,小麦麸15%,豆饼15%,棉籽粕13%,酵母粉3%,磷酸氢钙2%,食盐1%,微量元素、维生素、氨基酸复合添加剂1%。

青绿多汁饲料如胡萝卜、甜菜等,犊牛在20日龄时开始补喂,以促进消化器官的发育。每天先喂20克,到2月龄时可增加到1～1.5千克,3月龄为2～3千克。

青贮饲料可在2月龄开始饲喂,每天100～150克,3月龄时1.5～2千克,4～6月龄时4～5千克。应保证青贮饲料品质优良,防止用酸败、变质及冰冻青贮饲料喂犊牛。

(3)犊牛的管理

①犊牛的管理要做到“三勤”　即勤打扫,勤换垫草,勤观察。并做到“喂奶时观察食欲,运动时观察精神,扫地时观察粪便”。

②犊牛的管理要做到“三净”　即饲料净,畜体净,工具净。犊牛饲料不能有发霉变质和冻结冰块现象,不能含有铁丝、铁钉、牛毛、粪便等杂质。坚持每天1～2次刷拭牛体,促进牛体健康和皮肤发育,减少体内外寄生虫病。每次用完的奶具、补料槽、饮水槽等一定要洗刷干净,保持清洁。

③防止舐癖　犊牛舐癖指犊牛互相吸吮,是一种极坏的习惯,危害极大。其吸吮部位包括嘴巴、耳朵、脐带、乳头、牛毛等。吸吮嘴巴易造成传染病;吸吮耳朵在寒冷情况下容易造成冻疮;吸吮脐

带容易引发脐带炎；吸吮乳头易导致犊牛成年后瞎乳头；吸吮牛毛容易在瘤胃内形成许多大小不一的扁圆形毛球，久而久之往往堵塞食管沟或幽门而致死。防止舐癖，首先犊牛与母牛要分栏饲养，定时放出哺乳，犊牛最好单栏饲养；其次犊牛每次喂奶完毕，应将犊牛口鼻部残奶擦净。对于已形成舐癖的犊牛，可在鼻梁前套一小木板来纠正。同时，避免用奶瓶喂奶，最好使用水桶。犊牛要有适度的运动，随母牛在牛舍附近牧场放牧，放牧时适当放慢行进速度，保证休息时间。

④做好定期消毒　冬季每月至少进行1次，夏季10天1次，用苛性钠、石灰水或来苏儿对地面、墙壁、栏杆、饲槽、草架全面彻底消毒。如发生传染病或有死牛现象，必须对其所接触的环境及用具做临时突击消毒。

⑤称重和编号　留作种用的犊牛，称重应按育种和实际生产的需要进行，一般在初生、6月龄、周岁、第一次配种前应予以称重。在犊牛称重的同时，还应进行编号，编号应以易于识别和结实牢固为标准。生产上应用比较广泛的是耳标法，耳标有金属的和塑料的，先在耳标上打上号码或用不褪色的色笔写上号码，然后固定在牛的耳朵上。

⑥去角　一般在出生后的15天左右进行。多采取电烙器去角，将专用电烙器加热到一定温度后，牢牢地按压在角基部15～20秒，直到其角周围下部组织为古铜色为止。烙烫后涂以青霉素软膏。

也可用固体苛性钠法去角。先剪去角基部的毛，然后在外周用凡士林涂一圈，以防药液流出伤及头部及眼睛。然后用苛性钠在剪毛处涂抹，面积1.6厘米$^2$左右，至表皮有微量血渗出为止。应注意的是，正在哺乳的犊牛施行手术后4～5小时才能允许到母牛处哺乳，以防苛性钠腐蚀母牛乳房及皮肤。应用该法可以破坏成角细胞的生长，其效果较好。

⑦去势　如果是专门生产小牛肉或普通牛肉，不需要对牛加以阉割。阉牛生长速度比公牛慢15%～20%，而脂肪沉积增加，肉质量得到改善，适于生产高档牛肉，去势的年龄应在4～5月龄(4.5月龄阉割最好)，太早容易形成尿结石，太晚影响牛肉等级。阉割的方法有手术法、去势钳、锤砸法和注射法等。

(4)犊牛断奶　应根据当地实际情况和补饲情况而定。肉牛业上实行早期断奶主要是为了缩短母牛产后的发情间隔时间和生产小牛肉时需要；对于饲养乳肉或肉乳兼用牛，产奶量较高，可挤奶出售，因而减少犊牛用奶量、降低成本才是其另一目的。早期断奶时间一般为2～3月龄。肉乳兼用挤奶牛可采用5周龄断奶。

断奶应采用循序渐进的办法。当犊牛日采食固体料达1千克左右，且能有效地反刍时，便可断奶，同时要注意固体饲料的营养品质与营养补充，并加强日常护理。另外，在预定断奶前15天，要开始逐渐增加精、粗饲料喂量，减少牛奶喂量。日喂奶次数由3次改为2次，2次再改为1次，然后隔日1次。到断奶时还可喂给1∶1的掺水牛奶，并逐渐增加掺水量，最后几天全部由温开水代替牛奶。自然哺乳的母牛在断奶前1周即停喂精饲料，只给粗饲料和干草、稻草等，使其泌乳量减少。然后把母、犊分离到各自牛舍，不再哺乳。断奶第一周，母、犊可能互相呼叫，应进行舍饲或拴饲，不让互相接触。

**(二)育成牛的饲养管理技术**

育成牛指断奶后到配种前的母牛。计划留作后备牛的犊牛在4～6月龄时选出，要求生长发育好、性情温驯、省草省料而又增重快，留作本群繁殖用。但留种用的牛不得过肥，应该具备结实的体质。

**1. 育成牛的饲养**　为了增加消化器官的容量，促进其充分发育，育成母牛的饲料应以粗饲料和青贮饲料为主，精饲料只作蛋白质、钙、磷等的补充。

(1)3～6 月龄　可采用的日粮配方为犊牛料 2 千克,干草 1.4～2.1 千克或青贮饲料 5～10 千克。

(2)7～12 月龄　为了兼顾育成牛生长发育的营养需要并促进消化器官进一步发育完善,此期饲喂的粗料应选用优质干草、青干草、青贮料,加工作物秸秆等可作为辅助粗饲料少量添加,同时还必须适当补充一些精饲料。一般日粮中干物质的 75%应来源于青粗饲料,25%来源于精饲料。可采用如下配方:玉米 46%,麸皮 31%,高粱 5%,大麦 5%,酵母粉 4%,叶粉 3%,食盐 2%,磷酸氢钙 4%。日喂量:混合料 2 千克左右,青干草 0.5～2 千克,玉米青贮饲料 11 千克。

在放牧状况下,如果牧草生长良好,7～12 月龄母犊牛日粮中的粗饲料、多汁饲料和大约一半的精饲料可被牧草代替;在牧草生长较差的情况下,则必须补饲青饲料。青饲料的采食量:7～9 月龄母牛为 18～22 千克,10～12 月龄母牛 22～26 千克。每天青粗饲料的采食量可达体重的 7%～9%,占日粮总营养价值的 65%～75%。此阶段结束,体重可达 250 千克左右。

(3)13～18 月龄　为了促进育成牛性器官的发育,其日粮要尽量增加青贮、块根、块茎饲料的喂量。为了提高养殖效益,育成牛一般到 14 月龄,体重达到成年体重 70%时即可进行配种。但怀孕初期,胎儿生长较慢,所以日粮只要保证母牛的生长所需即可。一般情况下,利用好的干草、青贮饲料、半干青贮料就能满足母牛的营养需要,使日增重达到 0.6～0.65 千克,可不喂精饲料或少喂精饲料(每头牛每日 0.5 千克以下);但在优质青干草、多汁饲料不足和计划较高日增重的情况下,则必须每日每头牛加喂 1～1.3 千克精饲料。

在放牧条件下,如果牧草生长较差,也必须给牛补饲青饲料。青饲料日喂总量(包括放牧采食量) 13～15 月龄育成母牛为 26～30 千克,16～18 月龄育成母牛为 30～35 千克。青草返青后开始放牧时，嫩草含水分过多，能量及镁缺乏，必须每天在圈内补饲干草或精饲料，补饲时机最好在牛回圈休息后，夜间进行。夜间补饲不会降低白天放牧采食量，补饲量应根据牧草生长情况而定。冬末春初每头育成牛每天应补 1 千克左右配合料，每天喂给 1 千克胡萝卜或青干草，或者 0.5 千克苜蓿干草，或每千克料配入 1 万单位维生素 A。

混合料可采用如下配方：①玉米 40%，豆饼 26%，麸皮 28%，尿素 2%，食盐 1%，预混料 3%。②玉米 33.7%，葵花籽饼 25.3%，麸皮 26%，高粱 7.5%，碳酸钙 3%，磷酸氢钙 2.5%，食盐 2%。

(4)18～24 月龄　日粮应以优质干草、青草、青贮料和多汁饲料及氨化秸秆作为基本饲料，少喂或不喂精料。到妊娠后期，由于胎儿生长迅速，需较多营养物质，但为了避免压迫胎儿，要求日粮体积要小，采取提高日粮营养物质浓度，减少粗饲料，增加精饲料的饲喂措施。应每日补充 2～3 千克精料。如有放牧条件，应以放牧为主。在优良草地上放牧，精饲料可减少 20%～40%；放牧回舍，如未吃饱，应补喂干草和多汁饲料。

**2. 育成牛的管理**

(1)分群　育成牛断奶后根据性别和年龄情况进行分群。首先是公、母牛分开饲养，因为公、母牛的发育和对饲养管理条件的要求不同；其次是分群时同性别内年龄和体格大小应该相近，月龄差异一般不应超过 2 个月，体重差异低于 30 千克。

(2)穿鼻　公犊断奶后，在 7～12 月龄时应根据饲养的需要适时进行穿鼻，并戴上鼻环，尤其是留作种用的更应如此。鼻环应以不易生锈且坚固耐用的金属制成，穿鼻时应胆大心细，先将长50～60 厘米的粗铁丝的一端磨尖，将牛保定好，一只手的两个手指摸在鼻中隔的最薄处，另一只手持铁丝用力穿透即可。

(3)加强运动　在舍饲条件下，青年牛每天应至少有 2 小时以上的运动。母牛一般采取自由运动；公牛的运动仍以自由运动为主，必要时，才进行驱赶运动。在放牧的条件下，运动时间一般足够。加强育成牛的户外运动，可使其体壮胸阔，心肺发达，食欲旺盛。如果精饲料过多而运动不足，容易过肥，体短、肉厚、个子小，早熟早衰，利用年限短。

(4)刷拭和调教　为了保持牛体清洁，促进皮肤代谢和养成温驯的气质，育成牛每天应刷拭1～2次，每次5～10分钟，尤其是青年公牛的刷拭对其性情的培育是非常有益的。

(5)对青年公牛的调教　对青年公牛还要进行必要的调教，包括与人的接近、牵引训练，配种前还要进行采精前的爬跨训练。饲养公牛必须注意安全，因它的性情一般较母牛暴躁。

(6)青年母牛的初次配种　青年母牛初次配种时间，应根据它的年龄和发育情况而定。一般按14月龄以上或按达成年体重70%左右才开始初配。

(7)放牧管理　采用放牧饲养时，要严格把公牛分出单放，以避免偷配而影响牛群质量。对周岁内的小牛宜近牧或放牧于较好的草地上。冬、春季应采用舍饲。

**(三)母牛的饲养管理技术**

对于肉用繁殖母牛提高受胎率和增加犊牛断奶重是繁殖母牛管理的关键。

**1. 妊娠期母牛的饲养管理**　妊娠期母牛的营养需要和胎儿生长有直接关系。妊娠前6个月胚胎生长发育较慢，不必为母牛增加营养。对妊娠母牛保持中上等膘情即可。胎儿增重主要在妊娠的最后3个月，此期的增重占犊牛初生重的70%～80%，需要从母体吸收大量营养。同时，母牛体内需蓄积一定养分，以保证产后有充足的泌乳量。一般在母牛分娩前，至少增重45～70千克，才足以保证产犊后的正常泌乳与发情。

(1)妊娠母牛的舍饲饲养　在农区和禁牧的牧区一般采取舍

饲方式。这种饲喂方式能够做到按照人的意志合理地调节喂牛的草料量，易于做到按不同的牛给予不同的饲养条件，使牛群生长发育均匀；便于给牛创造一个合理的厩舍环境，以抵御恶劣自然条件的影响；易于实行机械化饲养，降低工人劳动强度，大幅度地提高生产效率。如人工草地割草饲喂可比放牧提高牧草采食率达40%以上，使饲草资源得以节约。山区和牧区在冬季气候恶劣时期，也应舍饲，以利于牛的保膘和提高繁殖成活率。但舍饲所需的设备、人工、饲草的收集和加工等，均会增大开支，因而成本较高，并且母牛的运动量少，体质不如放牧牛健壮，疾病发生率和难产率较放牧牛高一些。

日粮按以青粗饲料为主适当搭配精饲料的原则。粗饲料以麦秸、稻草、玉米秸等干秸秆为主时，必须搭配优质豆科牧草，补饲饼粕类饲料，也可以用尿素代替部分饲料蛋白质。根据膘情补加混合精料1～2千克。精饲料参考配方：玉米52%，饼类20%，麸皮25%，石粉1%，食盐1%，微量元素、维生素1%。

精饲料和多汁饲料较少时，可采用先粗后精的顺序饲喂，即先喂粗饲料，待牛吃半饱后，在粗饲料中拌入部分精饲料或多汁料碎块，引诱牛多采食，最后把余下的精饲料全部投饲，吃净后下槽。妊娠母牛饲喂棉籽饼、菜籽饼、酒糟等饲料应控制用量，按精饲料量计算棉籽饼用量不超过10%，菜籽饼不超过8%，鲜酒糟日喂量不超过8千克。不能喂冰冻、发霉饲料。饮水温度要求不低于10℃。妊娠后期应做好保胎工作，要防止挤撞、猛跑。临产前注意观察，保证安全分娩。在饲料条件较好时，应避免过肥和运动不足。纯种肉用牛难产率较高，尤其是初产母牛，必须做好助产工作。

目前，专业户大部分采取农村传统的养牛方式——拴系饲养，适合肉牛育肥，但不适合繁殖母牛，繁殖母牛应增设运动场。因为充足的运动可增强母牛体质，促进胎儿生长发育，并可防止难产。

如果没有运动场，繁殖母牛在妊娠后期，每天应牵引运动1～2小时。

(2)放牧　以放牧为主的母牛，放牧地离牛舍不应超过3 000米。青草季节应尽量延长放牧时间，一般可不补饲。牧草中钾含量多而钠含量少，氯也不足，必须补充食盐，以免缺钠妨碍牛的正常生理功能。缺氯会降低真胃胃酸的分泌，影响消化。因此，放牧牛也必须补盐。天天补盐效果最佳，可以在饮水处设矿物舔食槽，或应用矿物质舔砖(固态矿物补添剂)，地区性缺乏的矿物质(如山区缺磷、沿海缺钙、内陆缺碘，地区性缺铜、锌、铁、硒等)可按应补数量混入食盐中，最好混合制成舔砖应用，免得发生舔食过量。一般补盐量可按每100千克体重每天10克左右计算。

枯草季节，根据牧草质量和牛的营养需要确定补饲草料的种类和数量；特别是在妊娠最后的2～3个月，这时正值枯草期，应进行重点补饲。另外，枯草期维生素A缺乏，应注意补饲胡萝卜，每头每天0.5～1千克，或添加维生素A添加剂，并补足蛋白质、能量饲料及矿物质的需要。精饲料补量每头每天1～2千克。精饲料配方：玉米50%，麦麸10%，豆饼30%，高粱7%，石粉2%，食盐1%，另外添加维生素和微量元素预混料。母牛临产前15天停止放牧。

**2. 分娩期母牛的饲养管理**　因为这段时间母牛经历妊娠至产犊至泌乳的生理变化过程，在饲养管理上有特殊性。

产前15天，将母牛移入产房，由专人饲养和看护，发现临产征兆，估计分娩时间，准备接产工作。母牛分娩后，由于大量失水，要立即喂母牛以温热、足量的麸皮盐水(麸皮1～2千克，盐100～150克，碳酸钙50～100克，温水15～20升)，可起到暖腹、充饥、增腹压的作用。同时，喂给母牛优质、嫩软的干草1～2千克。为促进子宫恢复和恶露排出，还可补给益母草温热红糖水(益母草250克，水1.5升，煎成水剂后，再加红糖1 000克，水3升)，每天1

次,连服2～3天。

母牛在分娩前1～3天,食欲低下,消化功能较弱,此时要精心调配饲料,精饲料最好调制成粥状,特别要保证充足的饮水。此时在饲养上要以恢复母牛体质为目的。在饲料的调配上要加强其适口性,刺激牛的食欲。粗饲料则以优质干草为主。精饲料不可太多,但要全价、优质、适口性好,最好能调制成粥状,并可适当添加一定的增味饲料,如糖类等。对体弱母牛,在产犊3天后喂给优质干草,3～4天后可喂多汁饲料和精饲料。到6～7天时,便可增加到足够喂量。要保持充足、清洁、适温的饮水。一般产后1～5天应饮温水,水温37℃～40℃,以后逐渐降至常温。

分娩后阴门松弛,躺卧时黏膜外翻易接触地面,为避免感染,地面应保持清洁,垫草要勤换。母牛的后躯阴门及尾部应用消毒液清洗,以保持清洁。加强监护,随时观察恶露排出情况,观察阴门、乳房、乳头等部位是否有损伤。每天测1～2次体温,若有升高及时查明原因进行处理。

**3. 哺乳期母牛的饲养管理**　哺乳母牛的主要任务是多产奶,以供犊牛需要。母牛在哺乳期所消耗的营养比妊娠后期还多,每产3千克含脂率4%的奶,约消耗1千克配合饲料的营养物质。本地黄牛产后日产奶2～4千克,泌乳高峰多在产后1个月出现;大型肉用母牛在自然哺乳时,日产奶量可达6～7千克,产后2～3个月达到泌乳高峰;西门塔尔等兼用牛平均日产奶量可达10千克以上,产奶盛期日产奶量可达30千克左右。母牛如果营养不足,不仅产奶量下降,还会损害母牛健康。

在泌乳早期(产犊后前3个月),肉用母牛日产奶量可达7～10千克或更多,能量饲料的需要比妊娠后期牛高出50%,蛋白质、钙、磷的需要量加倍。放牧饲养时,因为早春产犊母牛正处于牧地青草供应不足的时期,为保证母牛产奶量,要特别注意泌乳早期的补饲。除补饲秸秆、青干草、青贮饲料等外,每天还应补喂混合精料2千克左右，同时注意补充矿物质及维生素，有利于母牛产后发情与配种。舍饲饲养时，在饲喂青贮玉米或氨化秸秆保证维持需要的基础上，补喂混合精料2～3千克，并补充矿物质及维生素添加剂。头胎泌乳的青年母牛除泌乳需要外，还需要继续生长，营养不足对繁殖力影响明显。所以，一定要饲喂优良的禾本科及豆科牧草，精料搭配多样化。在此期间，应加强乳房按摩，经常刷拭牛体，促使母牛加强运动，充足饮水。

母牛泌乳达到高峰后（产后15～20天至泌乳第三至第四个月）会维持2～3个月（泌乳量的下降或波动幅度在10%以内），此期乳肉或肉乳兼用牛都可以挤奶出售，以增加收入。特别是肉牛奶乳脂率、乳蛋白质率含量高（奶稠），还是制作奶粉、奶酪的好原料。这个时期可实行交替饲养法（又称节律性饲养法）。即每隔一定天数，改变饲养水平和饲养特性的饲养方法。通过这种周期性的刺激，可以提高母牛的食欲和饲料转化率，从而增加母牛的泌乳量。具体方法是通过精料和粗料的不同用量来实现的。一般交替饲养的周期为2～7天。如果同时加强挤奶和乳房按摩相结合，促使母牛运动，充足饮水，则能延长泌乳盛期的时间。也可采用奶牛常用的引导饲养法（俗称奶跟着料走），母牛产犊后，每天增加0.45千克精饲料，直到产奶高峰出现。

泌乳末期（泌乳3个月至干奶）的特点是母牛产奶量下降。这是母牛泌乳的一般规律。但全价的配合饲料，充足的运动和饮水，加强乳房按摩及精细的管理，可以延缓泌乳量下降。同时，这个时期，牛的采食量有较大增长，如饲喂过量的精料，极易造成母牛过肥，影响产奶和繁殖。因此，应根据体况和粗饲料供应情况确定精饲料喂量，混合精料1～2千克，并补充矿物质及维生素添加剂，多供青绿多汁饲料。

精饲料配方1：玉米50%，熟豆饼（粕）10%，棉籽饼（或棉粕）5%，胡麻饼5%，花生饼3%，葵花籽饼4%，麸皮20%，磷酸钙

0.5%,碳酸钙 1.5%,食盐 0.9%,微量元素和维生素添加剂 0.1%。

精饲料配方 2:玉米 50%,熟豆饼(粕)20%,麸皮 12%,玉米蛋白 10%,酵母饲料 5%,碳酸钙 1.6%,磷酸钙 0.4%,食盐 0.9%,强化微量元素与维生素添加剂 0.1%。

**4. 干奶母牛和空怀母牛的饲养管理**

(1)*干奶母牛的饲养管理* 当随母哺乳的犊牛断奶后、挤奶母牛日产奶低于 5 千克或乳肉兼用高产奶牛到达干奶期时,就要对母牛进行干奶。干奶是母牛饲养管理过程中的一个重要环节。干奶方法的好坏、干奶期的长短及干奶期饲养管理对胎儿的发育、母仔的健康及下一个泌乳期的产量有直接关系。

产奶量高的母牛干奶期一般平均为 60 天。肉乳兼用牛和肉用牛产奶量不高,可采用快速干奶法。即从进入干奶之日起,在 4～7 天将奶干完。方法是从干奶期的第一天开始,适当减少精料,停喂青绿多汁饲料,控制饮水,加强运动,减少挤奶次数或犊牛哺乳次数。母牛在生活规律突然发生巨大变化时,产奶量显著下降,一般经过 5～7 天,就可停止挤奶。最后挤奶时要完全挤净,用杀菌液将乳头消毒后注入青霉素软膏,以后再对乳头表面进行消毒。

产奶量低或采取自然哺乳的母牛在预计断奶前 1 周即停喂精料,只给粗饲料和干草、稻草等,使其泌乳量减少。然后把母、犊分离到各自牛舍,不再哺乳。母牛在干奶 10 天后,乳房乳汁已被组织吸收,乳房已萎缩。这时可增加精饲料和多汁饲料,5～7 天达到妊娠母牛的饲养标准。

干奶期管理应注意不喂劣质的粗饲料和多汁饲料。冬季不饮冰冻的水和饲喂冰冻的块根饲料及青贮饲料,少喂菜籽饼和棉籽饼,以免引起难产、流产及胎衣滞留等疾患,并注意补充钙、磷、微量元素及维生素。注意观察乳房停奶后的变化,保证乳房的健康。要保证牛有适当的运动,以减少蹄病和难产的发生。有条件的地方，应将干奶牛集中单圈、单群饲养，防止相互拥挤。此外，牛舍应保持干燥、清洁。

(2)空怀母牛的饲养管理　空怀母牛的饲养管理主要是提高受配率、受胎率，充分利用粗饲料，降低饲养成本。繁殖母牛在配种前应具有中上等膘情，过瘦、过肥往往影响繁殖。在肉用母牛的饲养管理中，如果精饲料过多而又运动不足，就会造成母牛过肥，不发情。但在营养缺乏、母牛瘦弱的情况下，也会造成母牛不发情而影响繁殖。瘦弱母牛配种前1～2个月加强饲养，应适当补饲精饲料，以提高受胎率。

母牛出现空怀，应根据不同情况加以处理。造成母牛空怀的原因，有先天和后天两方面。先天不孕一般是由于母牛生殖器官发育异常，如子宫颈位置不正、阴道狭窄、幼稚病、异性孪生的母犊和两性畸形等，先天性不孕的情况较少，在育种工作中淘汰那些隐性基因的携带者，就能加以解决。后天性不孕主要是由于营养缺乏、饲养管理不当及生殖器官疾病所致。

成年母牛因饲养管理不当造成不孕，在恢复正常营养水平后，大多能够自愈。在犊牛时期由于营养不良致使生长发育受阻，影响生殖器官正常发育而造成的不孕，则很难用饲养方法补救。若育成母牛长期营养不足，则往往导致初情期推迟，初产时出现难产或死胎，并且影响以后的繁殖力。

改善饲养管理条件、增加运动和日光浴可增强牛群体质，提高母牛的繁殖能力。牛舍内通风不良、空气污浊、夏季闷热、冬季寒冷、过度潮湿等恶劣环境极易危害牛体健康，敏感的个体很快停止发情。因此，改善饲养管理条件十分重要。

## 二、肉牛的育肥技术

肉牛育肥的目的是为了使牛的生长发育遗传潜力尽量发挥完

全，增加屠宰牛的肉和脂肪，改善肉的品质，屠宰后能得到尽量多的优质牛肉，而投入的生产成本又比较适宜。肉牛的育肥方法根据其不同的生理阶段和生产目的而定。应根据牛场的生产情况和市场需求，确定育肥方式。

**（一）育肥牛的一般饲养管理技术**

**1. 育肥牛饲养技术**

（1）供给营养丰富的饲料　肉牛按体重大小、强弱等分群饲养，每群牛数量以 10～15 头为宜；傍晚时分群容易成功，分群的当天应由专人值班观察，发现格斗，应及时处理。喂料量按要求定量给予。饲料配方根据牛的育肥阶段、体重和当地饲料情况统一制定。配合饲料中精饲料和粗饲料的比例，一般育肥前期，精饲料 30%～40%，粗饲料 60%～70%；育肥中期，精饲料 45%～55%，粗饲料 45%～55%；育肥后期，精饲料 60%～80%，粗饲料20%～40%。按要求肉牛的各类饲料，特别是添加剂等必须充分搅拌、混匀后才能喂牛。

（2）按时按量饲喂　一次添饲料不能太多（不喂懒槽）；注意饲料卫生，饲料中不能混有异物（如铁丝、铁钉等），不能用霉烂变质的饲料喂牛。每天定时饮水，并注意水的清洁卫生。每天的饲料喂量，特别是精饲料喂量按每 100 千克体重 1～1.5 千克计算，不能随意增减。

（3）饲料加工　玉米不可粉得太细（大于 1 毫米），否则影响适口性和采食量，使消化率降低。高粱必须粉碎至 1 毫米，才能达到较高的利用率。粗饲料不应粉得过细，应为 30 毫米左右，不要呈面粉状，以免沉积瘤胃内，影响反刍和饲料消化率，容易引起瘤胃积食等疾病。

（4）新购入架子牛的饲养技术

①隔离　进场后应在隔离区隔离饲养 15 天以上，防止随牛引入疫病。

②饮水　由于运输途中饮水困难，架子牛往往会发生严重缺水，所以架子牛进入围栏后要掌握好饮水。第一次饮水量以10～15升为宜，可加人工盐（每头100克）；第二次饮水在第一次饮水后的3～4小时，在水中可加些麸皮。

③粗饲料饲喂方法　首先饲喂优质青干草、秸秆、青贮饲料，第一次喂量应限制，每头4～5千克；第二、第三天以后可以逐渐增加喂量，每头每天8～10千克；第五、第六天以后可以自由采食。

④精饲料饲喂方法　架子牛进场以后4～5天可以饲喂混合精饲料，量由少到多，逐渐添加，10天后可喂给正常供给量。

⑤分群饲养　按大小、强弱分群饲养，牛围栏要干燥，分群前围栏内铺垫草。每头牛占围栏面积4～5米$^2$。

(5)驱虫　体外寄生虫可使牛采食量减少，抑制增重。体内寄生虫会吸收肠道食糜中的营养物质，影响育肥牛的生长和育肥效果。一般可选用阿维菌素，一次用药同时驱杀体内外多种寄生虫。肉牛育肥前或架子牛入场的第五至第六天进行，驱虫3天后，每头牛口服健胃散350～400克健胃。驱虫可每隔2～3个月进行1次。如购牛是秋天，还应注射倍硫磷，以防治牛皮蝇。

(6)运动　对于育肥牛应减少活动，对于放牧育肥牛尽量减少运动量，对于舍饲生产普通牛肉的育肥牛，每次喂完后可以每头单拴系在木桩或休息栏内，缰绳的长度以牛能卧下为宜，这样可以减少营养物质的消耗，提高育肥效果，但一些试验证明还是以散放、自由活动日增重最好，肉质提高。

(7)其他　根据当地疫病流行情况，育肥前进行疫（菌）苗注射、阉割（去势）。勤观察肉牛的采食、反刍、粪尿、精神状态等。

**2. 育肥牛管理技术**　肉牛管理的目的是创造一个安静的环境条件，让肉牛健康、快速生长。

(1)保持牛舍清洁卫生、干燥、安静　搞好环境卫生，减少蚊蝇干扰，以免影响育肥牛增重。雨天时，做好运动场排水工作。露天育肥牛场(每个围栏养牛100头以上)2～3个月清除牛粪1次;有牛棚牛舍围栏育肥牛场(每个围栏养牛10～20头)1天清除牛粪2次。饲养员喂料、消毒、清粪等要按操作规程进行,动作要轻,保持环境的安静。夏季要防暑,冬季要防冻保温。减少应激。

(2)做好防疫保健工作　贯彻防重于治的方针,定期做好疫(菌)苗注射、防疫保健工作。饲养员对牛随时观察,看采食、看饮水、看粪尿、看反刍、看精神状态是否正常。

(3)定时刷拭　每天上、下午定时给牛体各刷拭1次,以促进血液循环,增进食欲。

(4)注意饲槽、水槽卫生　牛下槽后及时清扫饲槽,防止草料残渣在槽内发霉变质,注意饮水卫生,避免有毒、有害物质污染饮水和饲料。

(5)牛舍及设备常检修　缰绳、围栏等易损品要经常检修、更换。

(6)及时出栏　肉牛达到出栏标准时及时出栏,不要等一批全部育肥好再出栏。要充分体现育肥架子牛周转快、见效快的特点。因为随着体重超过500千克,日增重下降,每千克增重的耗料量增加,育肥成本增加,利润下降。

(7)定期称重　尽快淘汰不增重或有病的牛。

**3. 育肥记录**　养殖户应建立详细的记录档案,不仅便于日常管理,而且能尽快积累经验,获得最高的效益。

**(二)肉牛育肥方法与技术**

**1. 小白牛肉生产技术**　小白牛肉是指犊牛生后14～16周龄内,完全用全乳、脱脂乳或代用乳饲喂,使其体重达到95～125千克屠宰后所产的肉。由于生产白牛肉犊牛不喂其他任何饲料,所以白牛肉生产不仅饲喂成本高,牛肉售价也高,其价格是一般牛肉价格的8～10倍。

(1)**犊牛的选择**　犊牛要选择优良的肉用品种、乳用品种、兼用品种或杂交种牛犊。要求初生重在38～45千克，生长发育快；身体要健康，消化吸收功能强。性别最好选择公牛犊。

(2)饲养管理　犊牛出生后1周内，一定要吃足初乳；至少出生3日后应与母牛分开，实行人工哺乳，每日哺喂3次。牛栏多采用漏粪地板，不要接触泥土。育肥期内，每日喂料2～3次，自由饮水。冬季应饮20℃左右的温水。犊牛发生软便时，不必减食，可以给温开水，给水量不能太多，以免造成“水腹”。若出现消化不良，可酌情减少喂奶量，并用药物治疗。

生产小白牛肉每增重1千克牛肉约需消耗10千克奶，很不经济。因此，近年来采用代乳料加人工乳喂养越来越普遍。平均每生产1千克小白牛肉约消耗代乳料或人工乳13千克。管理上应严格控制乳液中的含铁量，强迫犊牛在缺铁条件下生长，这是小白牛肉生产的关键技术。生产方案见表4-1。

**表4-1　小白牛肉生产方案**

| 日　龄 | 期末体重（千克） | 日给奶量（千克） | 日增重（千克） | 需奶总量（千克） |
|---|---|---|---|---|
| 1～30 | 40 | 6.4 | 0.8 | 192 |
| 31～45 | 56.1 | 8.3 | 1.07 | 133 |
| 46～100 | 103 | 9.5 | 0.84 | 513 |

**2. 小牛肉生产技术**　西方国家小牛肉是犊牛出生后饲养至7～8月龄或12月龄以前，以乳为主，辅以少量精料培育，体重达到300～450千克所产的肉，称为“小牛肉”。小牛肉分大胴体和小胴体。犊牛育肥至7～8月龄，体重达到250～300千克，屠宰率58%～62%，胴体重130～150千克称小胴体。如果育肥至8～12月龄，屠宰活重达到350千克以上，胴体重200千克以上，则称为大胴体。

英国把奶牛和肉用牛密切结合，市场上40%的牛肉来自奶用公犊育肥，因牛奶生产过剩，对奶牛饲养头数加以限制，面对奶牛转向肉牛的农户采用补贴和逐步加价的办法，鼓励其生产奶牛肉。育肥方法：黑白花公牛早期断奶后，用大麦催肥到1周岁，获得的优质牛肉称为“大麦牛肉”。

在我国小牛肉生产一般是犊牛断奶后立即育肥，采用较高的营养水平，使其日增重在1～1.2千克，周岁左右结束育肥，体重在350～400千克屠宰所产的肉。

目前的牛肉市场动向为大胴体较小胴体的销路好，牛肉品质要求多汁，肉质呈淡粉红色，胴体表面均匀覆盖一层白色脂肪。犊牛肉蛋白质比一般牛肉高27.2%～63.8%，而脂肪却低95%左右，并且人体所需的氨基酸和维生素齐全，是理想的高档牛肉，发展前景十分广阔。

(1)犊牛品种的选择　生产小牛肉应尽量选择早期生长发育速度快的品种，因此肉用牛的公犊和淘汰母犊是生产小牛肉的最好选材。在国外，奶牛公犊也是被广泛利用生产小牛肉的原材料之一。目前在我国还没有专门化肉牛品种的条件下，应以选择黑白花奶牛公犊和肉用牛与本地牛杂种犊牛为主。

(2)犊牛性别和体重的选择　生产小牛肉，以选择公犊牛为佳，因为公犊牛生长快，可以提高牛肉生产率和经济效益。一般要求初生重在35千克以上，健康无病，无缺损。

(3)育肥技术　小牛肉生产一般步骤：犊牛出生后3日内可以采用随母哺乳，也可采用人工哺乳，但出生3日后必须改由人工哺乳，1月龄内按体重的8%～9%喂给牛奶。精饲料量从7～10日龄开始训练采食，以后逐渐增加到0.5～0.6千克，青干草或青草任其自由采食。1月龄后喂奶量保持不变，精饲料和青干草则继续增加，直至育肥到6月龄，可以在此阶段出售，也可继续育肥至7～8月龄或1周岁出栏。出栏时期的选择，根据消费者对小牛肉口味喜好的要求而定，不同国家之间并不相同。在国外，为了节省牛奶，广泛采用代乳料。

为了降低成本，目前在国内小牛肉生产多选用奶公犊，一般正常哺乳，45～60日龄断奶后直接采用较高水平精饲料育肥到10～12月龄屠宰。小牛肉生产参考饲料配方见表4-2。

**表4-2 小牛肉生产饲料配方**

| 项目 | 100～150千克体重 | | 150～200千克体重 | | 200～250千克体重 | | 250～300千克体重 | |
|---|---|---|---|---|---|---|---|---|
| | 配方1 | 配方2 | 配方3 | 配方4 | 配方5 | 配方6 | 配方7 | 配方8 |
| 日粮组成(%) | | | | | | | | |
| 玉米 | 24.42 | 24.14 | 32.38 | 29.00 | 28.00 | 31.00 | 32.30 | 37.00 |
| 麸皮 | 5.81 | 6.00 | 0.00 | 2.01 | 4.38 | 3.00 | 4.38 | 0.00 |
| 豆粕 | 13.59 | 15.59 | 13.99 | 10.76 | 10.06 | 13.05 | 8.06 | 12.05 |
| 棉粕 | 10.10 | 10.80 | 14.30 | 10.50 | 10.50 | 14.30 | 9.50 | 11.60 |
| DDGS | 3.61 | 4.00 | 0.00 | 5.71 | 5.71 | 0.00 | 5.71 | 2.00 |
| 石粉 | 1.00 | 1.00 | 0.85 | 0.55 | 0.55 | 0.85 | 0.55 | 0.85 |
| 预混料 | 0.40 | 0.40 | 0.40 | 0.40 | 0.40 | 0.40 | 0.40 | 0.40 |
| 小苏打 | — | — | 0.70 | 0.70 | 0.70 | 0.70 | 0.70 | 0.70 |
| 食盐 | 0.40 | 0.40 | 0.40 | 0.40 | 0.40 | 0.40 | 0.40 | 0.40 |
| 益康XP | 0.67 | 0.67 | 0.67 | 0.67 | — | — | — | — |
| 干草 | 40.00 | 37.00 | 36.30 | 39.30 | 39.30 | 36.30 | 38.00 | 35.00 |
| 营养水平(%) | | | | | | | | |
| 消化能(兆焦/千克) | 12.99 | 13.17 | 13.28 | 12.99 | 13.01 | 13.17 | 13.10 | 13.44 |
| 粗蛋白质 | 18.58 | 19.53 | 18.06 | 17.05 | 17.08 | 19.53 | 16.11 | 17.00 |
| 钙 | 0.95 | 1 | 0.75 | 0.78 | 0.77 | 1 | 0.71 | 0.70 |
| 总磷 | 0.42 | 0.44 | 0.34 | 0.48 | 0.5 | 0.44 | 0.49 | 0.33 |

**3. 持续育肥技术**　持续育肥是指犊牛断奶后，立即转入育肥阶段进行育肥，直到出栏。持续育肥由于在饲料利用率较高的生长阶段保持较高的增重，缩短了生产周期，较好地提高了出栏率，故总效率高，生产的牛肉肉质鲜嫩，改善了肉质，满足了市场对高档牛肉的需求，是值得推广的一种方法。

(1)舍饲持续育肥技术

①饲喂技术　选择肉用良种牛或其改良牛，在犊牛阶段采取较合理的饲养，使其日增重达到 0.8～0.9 千克，180 日龄体重达到 200 千克进入育肥期，按日增重大于 1.2 千克配制日粮，到 12 月龄时体重达到 450 千克。可充分利用随母哺乳或人工哺乳：0～30 日龄，每日每头全乳喂量 6～7 千克；31～60 日龄，8 千克；61～90 日龄，7 千克；91～120 日龄，4 千克。在 0～90 日龄，犊牛自由采食配合料(玉米 58%，豆饼 24%，棉粕 5%，麸皮 10%，磷酸氢钙 1.5%，食盐 1%，小苏打 0.5%)。此外，每千克精饲料中加维生素 A 0.5 万～1 万单位。91～180 日龄，每日每头喂配合料 1.2～2 千克。181 日龄进入育肥期，按体重的 1.5%喂配合料，粗饲料自由采食。精饲料配方和精料＋青贮＋谷草类型日粮配方及喂量见表 4-3。

②管理技术　育肥牛转入育肥舍前，对育肥舍地面、墙壁用 2%火碱溶液喷洒，器具用 1%新洁尔灭溶液或 0.1%高锰酸钾溶液消毒。饲养用具也要经常洗刷消毒。育肥舍可采用规范化育肥舍或塑料薄膜暖棚舍，舍温以保持在 6℃～25℃为宜，确保冬暖夏凉。当气温高于 30℃以上时，应采取防暑降温措施。育肥牛按体重由大到小的顺序拴系、定槽、定位，缰绳以 40～60 厘米长为宜。

犊牛断奶后驱虫 1 次，10～12 月龄再驱虫 1 次。驱虫药可选用伊维菌素、左旋咪唑、阿维菌素。每天刷拭牛体 1～2 次，以促进皮肤血液循环，增进食欲，保持体表卫生。育肥牛要按时搞好疫病防治，经常观察牛采食、饮水和反刍情况，发现病情及时治疗。

表 4-3　精饲料配方和精料+青贮+谷草类型日粮配方及喂量

| 精饲料配方（%） | 7～8 月龄 | 9～10 月龄 | 11～12 月龄 | 13～14 月龄 | 15～16 月龄 | 17～18 月龄 |
|---|---|---|---|---|---|---|
| 玉米 | 32.5 | 32.5 | 52 | 52 | 67 | 67 |
| 麸皮 | 24 | 24 | 14 | 14 | 4 | 4 |
| 豆粕 | 7 | 7 | 5 | 5 | — | — |
| 棉粕 | 33 | 33 | 26 | 26 | 26 | 26 |
| 石粉 | 1.5 | 1.5 | 1 | 1 | 0.5 | 0.5 |
| 食盐 | 1 | 1 | 1 | 1 | 1 | 1 |
| 碳酸氢钠 | 1 | 1 | 1 | 1 | 1.5 | 1.5 |
| 采食量（千克/日·头） | | | | | | |
| 精料 | 2.2 | 2.8 | 3.3 | 3.6 | 4.1 | 5.5 |
| 青贮玉米秸 | 6 | 8 | 10 | 12 | 14 | 14 |
| 谷草(或干草) | 1 | 1.5 | 1.8 | 2 | 2 | 2 |

(2)放牧舍饲持续育肥技术　夏季水草茂盛，是放牧的最好季节，充分利用野生青草的营养价值高、适口性好和消化率高的优点，采用放牧育肥方式。当温度超过30℃，注意防暑降温，可采取夜间放牧的方式，提高采食量，增加经济效益。春、秋季应白天放牧，夜间补饲一定量的青贮、氨化和微贮秸秆等粗饲料和少量精饲料。冬季要补充一定的精饲料，适当增加能量饲料，提高肉牛的防寒能力，降低能量在基础代谢上的比例。

①放牧加补饲持续育肥技术　在牧草条件较好的牧区，犊牛断奶后，以放牧为主，根据草场情况，适当补充精饲料或干草，使其在18月龄体重达400千克。要实现这一目标，犊牛在哺乳阶段，平均日增重应达到0.9～1千克，冬季日增重0.4～0.6千克，第二个夏季日增重在0.9千克左右。在枯草季节，对育肥牛每天每头

补喂精饲料 1～2 千克。放牧时应做到合理分群，每群 50 头左右，分群轮牧。我国 1 头体重 120～150 千克的牛需 1.5～2 公顷草场，放牧育肥时间一般在 5～11 月份，放牧时要注意牛的休息、饮水和补盐。夏季防暑，狠抓秋膘。

②放牧－舍饲－放牧持续育肥技术　此法适用于 9～11 月份出生的秋犊牛。犊牛出生后随母牛哺乳或人工哺乳，哺乳期日增重 0.6 千克，断奶时体重达到 70 千克。断奶后以喂粗饲料为主，进行冬季舍饲，自由采食青贮饲料或干草，日喂精饲料不超过 2 千克，平均日增重 0.9 千克，到 6 月龄体重达到 180 千克左右。然后在优良牧草地放牧(此时正值 4～10 月份)，要求平均日增重保持 0.8 千克，到 12 月龄可达到 325 千克。转入舍饲，自由采食青贮饲料或青干草，日喂精饲料 2～5 千克，平均日增重 0.9 千克，到 18 月龄，体重达 490 千克左右。

**4. 架子牛育肥技术**

(1)严格选择架子牛

①架子牛品种选择　架子牛品种选择总的原则是基于我国目前的市场条件，以生产产品的类型、可利用饲料资源状况和饲养技术水平为出发点。不同的品种，增重速度不一样，供作育肥的牛以专用肉牛品种最好。也可选择肉用杂交改良牛，即用国外优良肉牛作父本与我国黄牛杂交繁殖的后代。生产性能较好的杂交组合有：利木赞牛与本地牛杂交后代，夏洛莱牛与本地牛杂交后代，皮埃蒙特牛与本地牛杂交后代，西门塔尔牛与本地牛杂交改良后代，安格斯牛与本地牛杂交改良后代等。其特点是体型大，增重快，成熟早，肉质好。在相同的饲养管理条件下，杂种牛的增重、饲料转化效率和产肉性能都要优于我国地方黄牛。

以引进品种为父本与本地母牛杂交所生后代，多数为一代，是大型架子牛。其中特大型架子牛有西门塔尔杂种、夏洛莱杂种、利木赞杂种等；大型架子牛有海福特杂种、安格斯杂种、短角牛杂种、皮埃蒙特杂种、丹麦红杂种、瑞士褐杂种、小荷兰杂种。此外，中国荷斯坦青年公牛也为特大型架子牛。

②架子牛年龄的选择　根据肉牛的生长规律，目前牛的育肥大多选择在 2 岁以内，最迟也不超过 3 岁，即能适合不同的饲养管理，易于生产出高档和优质牛肉。从经济角度出发，购买犊牛的费用比 1～2 岁牛低，但犊牛育肥期较长，对饲料质量要求较高。饲养犊牛的设备也较大牛条件高，投资大。综合计算，购买犊牛不如购 1～2 岁牛经济效益高。

以短期育肥为目的，计划饲养 3～6 个月，而应选择1.5～3 岁育成架子牛和成年牛，不宜选购犊牛、生长牛。对于架子牛年龄和体重的选择，应根据生产计划和架子牛来源而定。目前，在我国广大农牧区较粗放的饲养管理条件下，1.5～2 岁肉用杂种牛体重多在 250～300 千克，2～3 岁牛多在 300～400 千克，3～5 岁牛多在 350～400 千克。如果 3 个月短期快速育肥，最好选体重 350～400 千克架子牛。而采用 6 个月育肥期，则以选购年龄 1.5～2.5 岁、体重 300 千克左右架子牛为佳。需要注意的是，能满足高档牛肉生产条件的是 1～2 岁架子牛，一般牛年龄超过 3 岁，就不能生产出高档牛肉，优质牛肉块的比例也会降低。在秋天收购架子牛育肥，第二年出栏，应选购 1 岁左右的牛，而不宜购大牛，因为大牛冬季用于维持饲料多，不经济。

③架子牛性别的选择　性别影响牛的育肥速度。在同样的饲养条件下，以公牛生长最快，阉牛次之，母牛最慢。在育肥条件下，公牛比阉牛的增重速度高 10%，阉牛比母牛的增重速度高 10%。这是因为公牛体内性激素——睾酮含量高的缘故。因此，如果在 24 月龄以内育肥出栏的公牛，以不去势为好。牛的性别影响肉的质量。一般来说，母牛肌纤维细，结缔组织较少，肉味也好，容易育肥；公牛比阉牛、母牛具有较多的瘦肉，肉色鲜艳，风味醇厚，有较高的屠宰率和较大的眼肌面积，经济效益高；而阉牛胴体则有较多

的脂肪。

④架子牛体型外貌选择　体型外貌是体躯结构的外部表现，在一定程度上反映牛的生产性能。选择的育肥牛要符合肉用牛的一般体型外貌特征。

从整体上看，体躯深长，体型大，脊背宽，背部宽平，胸部、臀部成一条直线；顺肋、生长发育好、健康无病。不论侧望、上望、前望和后望，体躯应呈“长矩形”，体躯低垂，皮薄骨细、紧凑而匀称，皮肤松软、有弹性，被毛密而有光亮。

从局部来看，头部重而呈方形；嘴巴宽大，前额部宽大；颈短，鼻镜宽，眼明亮。前躯要求头较宽而颈粗短。十字部的高度要超过肩顶，胸宽而丰满，突出于两前肢之间，肋骨弯曲度大而肋间隙较窄；鬐甲宽厚，与背腰在一条直线上。背腰平直、宽广，臀部丰满且深，肌肉发达，较平坦；四肢端正，粗壮，两腿宽而深厚，坐骨端距离宽。牛蹄大而结实，管围较粗；尾巴根粗壮；皮肤宽松而有弹性；身体各部位发育良好，匀称，符合品种要求；身体各部位齐全，无伤疤。

应避免选择有如下缺点的肉用牛：头粗而平，颈细长，胸窄，前胸松弛，背线凹，斜尻，后腿不丰满，中腹下垂，后腹上收，四肢弯曲无力，“O”形腿和“X”形腿，站立不正。

⑤根据育肥目标与市场需要进行选择　架子牛的选择应主要考虑市场供求，即考虑架子牛价与育肥牛（或牛肉）价之间的差价，精饲料的价格与粗饲料的价格，乃至牛和饲料供求问题，以及供求的季节性、地区性、市场展望、发展趋势等。

如果育肥是为了出口，是要生产高档牛肉，就应选择年幼的引进品种杂交种，如利木赞杂种、西门塔尔杂种等。还应选择年龄、架子大小、肌肉厚度、体重、毛色比较一致，且健壮，并已检疫，来源最好也相同，原来的饲养管理条件较好，以便为育肥打好基础。

从本地的中小型架子牛进行选择，选择的目标是为国内市场提供肉牛。所以，选择的机会多，到处都有架子牛，随时随地在市场上收购，可以不搞易地育肥，运输距离近，牛很快就能恢复正常，进入育肥期，利用其年幼生长快、饲料报酬高的特点，强化其饲养管理，以期在比较短时期内完成育肥，降低饲养成本，获得较高的肉质与净肉量，以增加经济效益。但本地牛生长较慢。

(2)架子牛的运输　架子牛运输环节是影响育肥牛生长发育十分重要的因素，因为在架子牛的运输过程中造成的外伤易医治，而造成的内伤不易被发觉，常常贻误治疗，造成直接经济损失。因此，要重视架子牛的运输工作。

①运输前准备　对购买的架子牛按品种、年龄、体重、性别等进行分群编号，以便于管理；了解当地疫病流行情况和免疫接种情况，便于以后的卫生防疫。办理准运证、税收证据和防疫证、检疫证、非疫区证明、车辆消毒证明等。

②运输管理　运输及装卸时，忌对牛粗暴或鞭打。装运前3～4小时停喂具有轻泻性的青贮饲料、麸皮、鲜草等；运前2～3小时不能过量采食和饮水。运输前2小时及运输后采食前2小时饮补液盐溶液（氯化钠3.5克，氯化钾1.5克，碳酸氢钠2.5克，葡萄糖20克，加凉开水至1 000毫升），每头2～3升。到达目的地后，切勿暴饮暴食，先给干草等粗饲料，2小时后再饮水。

(3)架子牛快速育肥

①架子牛快速育肥阶段划分　一般架子牛快速育肥需120天左右。可以分为3个阶段：即过渡驱虫期，约15天；育肥前期，约45天（16～60天）；育肥后期，约60天（61～120天）。

过渡驱虫期：这一时期主要是让牛熟悉新的环境，适应新的草料条件，消除运输过程中造成的应激反应，恢复牛的体力和体重，观察牛只健康，健胃、驱虫、决定公牛去势与否等。驱虫一般可选用阿维菌素，一次用药同时驱杀体内外多种寄生虫。日粮开始以品质较好的粗饲料为主，不喂或少喂精饲料。随着牛只体力的恢复，逐渐增加精饲料，精、粗饲料的比例为 30∶70，日粮蛋白质水平为 12%。如果购买的架子牛膘情较差，此时可以出现补偿生长，日增重可以达到 0.8～1 千克。

育肥前期：日粮中精、粗饲料比例由 30∶70 逐渐增加到 60∶40。精饲料喂量可按每 100 千克体重喂精饲料 1 千克，粗饲料自由采食。这一时期的主要任务是让牛逐步适应精料型日粮，防止发生瘤胃臌胀、腹泻和酸中毒等疾病，也不要把时间拖得太长，一般过渡期10～15 天。这一时期日增重可以达 1 千克以上。

育肥后期：日粮中精粗料比例可进一步增加到 70∶30 或 80∶20，生产中可按牛只的实际体重每 100 千克喂给精饲料1.1～1.5 千克。粗饲料自由采食，日增重可达到 1.2～1.5 千克。这一时期的育肥常称为强度育肥。为了让牛能够把大量精饲料吃掉，这一时期可以增加饲喂次数，原来喂 2 次的可以增加到 3 次。保证充足饮水。

②架子牛育肥的科学管理

牛舍消毒：架子牛入舍前应用 2%火碱溶液对牛舍消毒。器具用 0.1%高锰酸钾溶液洗刷，然后再用清水冲洗。

减少活动：对于架子牛育肥应减少活动；对于放牧育肥架子牛应尽量减少运动量；对于舍饲育肥架子牛可以散放饲养，但每头牛应有 10 米$^2$ 以上的活动空间，否则会相互顶撞、爬跨。也可以每次喂完后每头单拴系木桩或休息栏内，缰绳的长度以牛能卧下为宜，这样可以减少营养物质的消耗，提高育肥效果。

坚持“五定”、“五看”、“五净”的原则：“五定”即定时——每天上午 7～9 时，下午 5～7 时各喂 1 次，间隔 8 小时，不能忽早忽晚。上、中、下午定时饮水 3 次。定量——每天的喂量，特别是精饲料量按饲养制度执行，不能随意增减。定人——每头牛的饲喂等日常管理要固定专人，以便及时了解每头牛的采食情况和健康，并可避免产生应激。定刷拭——每天上、下午定时给牛体刷拭 1 次，以促进血液循环，增进食欲。定期称重——首先牛进场时应先称重，按体重大小分群，便于饲养管理。在育肥期也要定期称重。由于牛采食量大，为了避免称量误差，应在早晨空腹时称重，最好连续称 2 天取平均数。“五看”指看采食、看饮水、看粪尿、看反刍、看精神状态是否正常。“五净”即：草料净——饲草、饲料不含沙石、泥土、铁钉、铁丝、塑料布等异物，不发霉不变质，没有有毒有害物质污染；饲槽净——牛下槽后及时清扫饲槽，防止草料残渣在槽内发霉变质；饮水净——注意饮水卫生，避免有毒有害物质污染饮水；牛体净——经常刷拭牛体，保持体表卫生，防止体外寄生虫的发生；圈舍净——圈舍要勤打扫、勤除粪，牛床要干燥，保持舍内空气清洁、冬暖夏凉。

搞好防疫和灭病工作：搞好定期消毒和传染病疫（菌）苗注射工作。做到无病早防。

不同季节应采用不同的饲养方法：夏季饲养——在环境温度 8℃～20℃，牛的增重速度较快。气候过高，肉牛食欲减退，增重缓慢。因此，夏季育肥时应注意适当提高日粮的营养浓度，延长饲喂时间，气温 30℃以上时，应采取防暑降温措施，保持通风良好，并搭凉棚。冬季饲养——在冬季应给牛加喂热能量饲料，提高肉牛防寒能力。防止饲喂带冰的饲料和饮用冰冷的水。冬季使舍内温度保持在 5℃以上，水温在 10℃以上有利于牛增重。

及时出栏或屠宰：肉牛体重超过 500 千克后，虽然采食量增加，但增重速度明显减慢，继续饲养不会增加收益，要及时出栏。

③架子牛育肥日粮配方实例　见表 4-4 至表 4-8。

表 4-4　不同阶段各饲料日喂量　（千克/日・头）

| 阶段(天数) | 玉米面 | 豆　饼 | 磷酸氢钙 | 矿物微量元素 | 食　盐 | 碳酸氢钠 | 氨化稻草 |
|---|---|---|---|---|---|---|---|
| 前期(30 天) | 2.5 | 0.25 | 0.06 | 0.03 | 0.05 | 0.05 | 20 |
| 中期(30 天) | 4 | 1 | 0.07 | 0.03 | 0.05 | 0.05 | 17 |
| 后期(45 天) | 5 | 1.5 | 0.07 | 0.035 | 0.05 | 0.08 | 15 |

表 4-5　青贮玉米秸类型日粮配方和营养水平

| 体重阶段（千克） | 精饲料配方(%) | | | | | | 采食量(千克/日・头) | |
|---|---|---|---|---|---|---|---|---|
| | 玉米 | 麸皮 | 棉粕 | 尿素 | 食盐 | 石粉 | 精料 | 青贮玉米秸 |
| 300～350 | 71.8 | 3.3 | 21 | 1.4 | 1.5 | 1 | 5.2 | 15 |
| 351～400 | 76.8 | 4 | 15.6 | 1.4 | 1.5 | 0.7 | 6.1 | 15 |
| 401～450 | 77.6 | 0.7 | 18 | 1.7 | 1.2 | 0.8 | 5.6 | 15 |
| 451～500 | 84.5 | — | 11.6 | 1.9 | 1.2 | 0.8 | 8 | 15 |

注:精饲料中另加 0.2%的添加剂预混料。

表 4-6　酒糟类型日粮配方和营养水平

| 体重阶段（千克） | 精饲料配方(%) | | | | | | 采食量(千克/日・头) | | |
|---|---|---|---|---|---|---|---|---|---|
| | 玉米 | 麸皮 | 棉粕 | 尿素 | 食盐 | 石粉 | 精料 | 酒糟 | 玉米秸 |
| 300～350 | 58.9 | 20.3 | 17.7 | 0.4 | 1.5 | 1.2 | 4.1 | 11 | 1.5 |
| 351～400 | 75.1 | 11.1 | 9.7 | 1.6 | 1.5 | 1.0 | 7.6 | 11.3 | 1.7 |
| 401～450 | 80.8 | 7.8 | 7 | 2.1 | 1.5 | 0.8 | 7.5 | 12 | 1.8 |
| 451～500 | 85.2 | 5.9 | 4.5 | 2.3 | 1.5 | 0.6 | 8.2 | 13.1 | 1.8 |

注:精饲料中另加 0.2%的添加剂预混料。

表 4-7　干玉米秸类型日粮配方和营养水平

| 体重阶段（千克） | 精饲料配方(%) | | | | | | 采食量(千克/日·头) | | |
|---|---|---|---|---|---|---|---|---|---|
| | 玉米 | 麸皮 | 棉粕 | 尿素 | 食盐 | 石粉 | 精料 | 干玉米秸 | 酒糟 |
| 300～350 | 66.2 | 2.5 | 27.9 | 0.9 | 1.5 | 1 | 4.8 | 3.6 | 0.5 |
| 351～400 | 70.5 | 1.9 | 24.1 | 1.2 | 1.5 | 0.8 | 5.4 | 4 | 0.3 |
| 401～450 | 72.7 | 6.6 | 16.8 | 1.4 | 1.5 | 1 | 6 | 4.2 | 1.1 |
| 451～500 | 78.3 | 1.6 | 16.3 | 1.8 | 1.5 | 0.5 | 6.7 | 4.6 | 0.3 |

注:精饲料中另加 0.2%的添加剂预混料。

表 4-8　玉米秸微贮类型日粮配方和营养水平

| 体重阶段（千克） | 精饲料配方(%) | | | | | 采食量(千克/日·头) | |
|---|---|---|---|---|---|---|---|
| | 玉米 | 麸皮 | 棉饼 | 尿素 | 石粉 | 精料 | 处理玉米秸 |
| 300～350 | 64.6 | — | 33.9 | 0.59 | 0.91 | 4.35 | 12 |
| 351～400 | 55.6 | 23.1 | 20.5 | 0.05 | 0.75 | 4.2 | 15 |
| 401～450 | 63.5 | 18.7 | 16.7 | 0.73 | 0.37 | 4.4 | 18 |
| 451～500 | 68.6 | 16.1 | 14.1 | 1.06 | 0.14 | 4.7 | 20 |

注:由于处理玉米秸中已加入了食盐,故日粮中不再添加。精饲料中另加 0.2%的添加剂预混料。

### (三)高档牛肉生产技术

**1. 高档牛肉的基本要求**　所谓高档牛肉是指能够作为高档食品的优质牛肉,如牛排、烤牛肉、肥牛肉等。优质牛肉的生产,肉牛屠宰年龄在 12～18 月龄的公牛,屠宰体重 400～500 千克。生产高档牛肉,要求屠宰体重 600 千克以上,以阉牛育肥为最好;高档牛肉在满足牛肉嫩度剪切值 3.62 千克以下,大理石花纹高档牛肉分级标准应在 A3 以上,呈“雪花状”、质地松弛、多汁色鲜、风味浓香的前提下,还应具备产品的安全性,即可追溯性以及产品的规模化、标准化、批量化和常态化。高档肉牛经过高标准的育肥后其屠宰率可达65%～75%，其中高档牛肉量可占到胴体重的8%～12%，或是活体重的5%左右。85%的牛肉可作为优质牛肉，少量为普通牛肉。

(1)品种与性别要求　高档牛肉的生产对肉牛品种有一定的要求，不是所有的肉牛品种，都能生产出高档牛肉。试验证明，某些肉牛品种如西门塔尔、婆罗门等品种不能生产出高档牛肉。目前国际上常用安格斯、日本和牛、墨累灰等以及这些品种改良的肉牛作为高档牛肉生产的材料。国内的许多地方品种如秦川牛、晋南牛、鲁西牛、南阳牛、延边牛、郏县红牛、复州牛、渤海黑牛、草原红牛、新疆褐牛、三河牛、科尔沁牛等适合用于高档牛肉的生产；或用地方优良品种导入能生产高档牛肉的肉牛品种生产的杂交改良牛也可用于高档牛肉的生产。

生产高档牛肉的公牛必须去势，因为阉牛的胴体等级高于公牛，而阉牛又比母牛的生长速度快。母牛的肉质最好。

(2)育肥时间要求　高档牛肉的生产育肥时间通常要求在18～24个月，如果育肥时间过短，脂肪很难均匀地沉积于优质肉块的肌肉间隙内；如果育肥牛年龄超过30月龄，肌间脂肪的沉积要求虽达到了高档牛肉的要求，但其牛肉嫩度很难达到高档牛肉的要求。

(3)屠宰体重要求　屠宰前的体重应达到600～800千克，没有这样的宰前活重，牛肉的品质达不到高档级标准。

**2. 育肥牛营养水平与饲料**

(1)7～13月龄育肥牛日粮营养水平　粗蛋白质12%～14%，消化能3.0～3.2兆卡/千克，或总可消化养分70%。精料喂量占体重1.0%～1.2%，自由采食优质粗饲料。

(2)14～22月龄育肥牛日粮营养水平　粗蛋白质14%～16%，消化能3.3～3.5兆卡/千克，或总可消化养分73%。精料喂量占体重1.2%～1.4%，用青贮和黄色秸秆搭配粗饲料。

(3)23～28 月龄育肥牛日粮营养水平　日粮粗蛋白质 11%～13%，消化能 3.3～3.5 兆卡/千克，或总可消化养分 74%，精料喂量占体重 1.3%～1.5%，此阶段为肉质改善期，少喂或不喂含各种能加重脂肪组织颜色的草料，如黄玉米、南瓜、红胡萝卜、青草等。饲喂使脂肪白而坚硬的饲料，如麦类、麸皮、麦糠、马铃薯和淀粉渣等，粗料最好用含叶绿素、叶黄素较少的饲草，如玉米秸、谷草、干草等。在日粮变动时，要注意做到逐渐过渡。一般要求精饲料中麦类大于 25%、大豆粕或炒制大豆大于 8%，棉粕（饼）小于 3%，不使用菜籽饼（粕）。

按照不同阶段制定科学饲料配方，注意饲料的营养平衡，以保证牛的正常发育和生产的营养需要，防止营养代谢障碍和中毒疾病的发生。

**3. 高档牛肉育肥牛的饲养管理技术**

(1)育肥公犊标准和去势技术

①标准犊牛　胸幅宽，胸垂无脂肪、呈 V 形；育肥初期不需重喂改体况；食量大、增重快、肉质好；疫病少。

②不标准犊牛　胸幅窄，胸垂有脂肪、呈 U 形；育肥初期需要重喂改体况；食量小、增重慢、肉质差；易患肾、尿结石，突然无食欲，疫病多。

③去势　用于生产高档牛肉的公犊，在育肥前需要去势，应严格在 4～5 月龄，4.5 月龄阉割最好，太早容易形成尿结石，太晚影响牛肉等级。

(2)饲养管理技术

①分群饲养　按育肥牛的品种、年龄、体况、体重分群饲养，自由活动，禁止拴系饲养。

②改善环境、注意卫生　牛舍要采光充足，通风良好。冬天防寒，夏天防暑，排水通畅，牛床清洁，粪便及时清理，运动场干燥无积水。要经常刷拭或冲洗牛体，保持牛体、牛床、用具等的清

洁卫生，防止呼吸道、消化道、皮肤及肢蹄疾病的发生。舍内垫料多用锯末或稻皮。饲槽、水槽3～4天清洗1次。

③充足给水、适当运动　肉牛每天需要大量的饮水，保证其洁净的饮用水，有条件的牛场应设置自动饮水装置。如由人工喂水，饲养人员必须每天按时供给充足的清洁饮水。特别是在炎热的夏季，供给充足的清洁饮水是非常重要的。同时，应适当给予运动，运动可增进食欲，增强体质，有效降低前胃疾病的发生。沐浴阳光，有利育肥牛的生长发育，有效减少佝偻病发生。

④擦拭、按摩　在育肥的中后期，每天对育肥牛用毛刷、手对其全身进行刷拭或按摩2次，以促进体表毛细血管血液的流通量，有利于脂肪在体表肌肉内均匀分布，在一定程度上能提高高档牛肉的产量，这在高档牛肉生产中尤为重要，也是最容易被忽视的细节。

(3)育肥牛的疫病防治技术　育肥牛的疫病防治应坚持预防为主，防重于治的方针。

①严格消毒制度　消毒是消灭病原、切断传播途径、控制疫病传播的重要手段，是防治和消灭疫病的有效措施。

场门、生产区和牛舍入口处都必须设立消毒池，内置1%～10%漂白粉液或3%～5%来苏儿、3%～5%烧碱液，并经常更换，保持有效浓度。有条件的牛场，还应设立消毒间(室)，进行紫外线消毒。

牛舍、牛床、运动场应定期消毒，畜舍内外15天消毒1次，消毒药一般可用10%～20%石灰乳、1%～10%漂白粉、0.5%～1%菌毒敌或百毒杀、84消毒液等均可。如遇烈性传染病，最好用2%或5%热烧碱溶液消毒。牛粪要堆积发酵，用驱蚊净等杀灭蚊、蝇等吸血昆虫能有效降低虫媒传染病的发生。入舍牛要进行体检、体表清洗和驱虫。

生产用具应坚持每10天消毒1次，可选用1%～10%漂白粉、84 消毒液等。

工作人员进入牛舍时，应穿戴工作服、鞋、帽，饲养员不得串舍；谢绝无关人员进入牛舍，必须进入者需穿工作服、鞋套。一切人员和车辆进出时，必须从消毒池通过或踩踏消毒。有条件的牛场可用紫外线消毒 5～10 分钟后方可入内。

②按时免疫接种　为了提高牛机体的免疫功能，抵抗相应传染病的侵害，需定期对健康牛群进行疫苗或菌苗的预防注射。制定出比较合理、切实可行的防疫计划，特别是对某些重要的传染病，如炭疽、口蹄疫、牛流行热等应适时进行预防接种。

③做好普通病的防治工作　每天至少应对牛群巡视 1 次，重点观察牛只采食、饮水是否正常、牛只的粪、尿是否正常，以便及时发现病牛，为治疗争取时间，对病牛采取及时、有效的治疗。

④育肥牛的体、内外寄生虫的驱除技术　驱虫前最好做一次粪便虫卵检查，以查清牛群体内寄生虫的种类和危害程度，根据粪便中虫卵种类或根据当地寄生虫发生情况有的放矢地选择驱虫药物。对于驱虫后的粪便应无害化处理，最经济的方法就是生物发酵法，防止病原的扩散。另外，根据牛粪中的虫卵数进行定期或不定期的驱虫。

(4)牛舍环境条件的控制技术　大量研究表明，育肥牛最适宜育肥温度是 10℃～20℃。在气温较低的季节可采取降低牛舍内通风量的方法来维持牛舍温度，在气温高的季节应做好防暑措施，确保牛舍的适宜温度。注意育肥牛舍内的湿度，通常湿度不能超过 65％。育肥牛舍要求有适当的通风，以利于氨气和湿气的排出。育肥牛舍氨气量的控制，以人在牛舍各个区域内均闻不到牛粪尿味或任何异味为宜。另外，在育肥后期，牛只的活动少、体重大，要注意保持地板的防滑性、清洁、干燥、软硬适宜，否则易引起育肥牛的肢蹄病发生，严重影响育肥牛的增重效果。总之，要尽量采取各种措施给育肥牛创造或提供舒适、清静、卫生的环境。

**4. 屠宰**　当肉牛年龄在24～30月龄、体重达到600千克以上，膘情达到标准时，及时出栏屠宰。屠宰要放血完全，并将胴体（劈半）吊挂在0℃～4℃室温条件下7～14天或采取电刺激法快速嫩化成熟，然后分割包装（严格操作规程，将牛柳、西冷、眼肉、米龙等高档和优质肉块分割开来），再置于－15℃～－25℃的冷库中贮藏。

优质和高档牛肉的生产加工工艺流程：膘情评定→检疫→称重→淋浴→倒吊→击昏→放血→剥皮（去头、蹄和尾巴）→去内脏→胴体劈半→冲洗→修整→称重→冷却→排酸成熟→剔骨分割、修整→包装

**思考题**

1. 简述犊牛的饲养管理技术。
2. 简述母牛的饲养管理。
3. 育肥牛一般饲养管理技术包括哪些？
4. 肉牛育肥方法有几种？
5. 购买架子牛进行育肥时应注意哪些问题？
6. 简述架子牛育肥原则与技术。

# 第五章　肉牛的卫生防疫措施

## 一、建立卫生消毒制度

卫生消毒是切断疫病传播的重要措施，无论是肉牛场还是家庭养殖都应建立卫生消毒制度，尽力减少疫病的发生。

### (一)消毒剂

应选择对人、肉牛和环境安全、无残留，对设备无破坏和在牛体内不产生有害累积的消毒剂，如次氯酸盐、有机碘、过氧乙酸、生石灰、氢氧化钠、高锰酸钾、新洁尔灭、酒精等。

### (二)消毒方法选择

对清洗完毕的牛舍、带牛环境、牛场道路及进入场区的车辆可采用喷雾消毒；人员的手臂、工作服、胶靴等可浸液消毒；出入人员必须经过消毒间，进行紫外线消毒；牛舍周围、入口、产床等可喷洒消毒。

**1. 机械性清除**　用机械的方法，如清扫、洗刷、通风等清除病原体，牛舍地面和牛体被毛经常清洗，可将污物清除，病原体同时也被清除；通风也具有消毒的意义，它可在短时间内使舍内空气交换，减少病原体的数量。

**2. 物理消毒法**　主要有高温消毒、阳光暴晒、紫外线照射和干燥等方法。在实际消毒过程中，分别加以应用，如墙壁可火焰消毒；粪便残渣、垫草、垃圾以及病牛的尸体，应焚烧；金属制品可用火焰烧灼和烘烤进行消毒；牧场、草地、牛栏、用具和某些物品主要是阳光的反复暴晒进行消毒。加热消毒主要用于防疫器械、工作服等，用高压锅 103.43 千帕 20 分钟效果最好，无此条件的也可以用沸水煮20分钟以上。

**3. 化学消毒法**　化学消毒剂种类很多,各有特点,可按具体情况加以选用。在选择化学消毒剂时,应考虑对该病原体的消毒力强、对人畜的毒性小、不损害被消毒的物品、易溶于水、在消毒环境中比较稳定、不易失去消毒作用、价廉易得和使用方便等。①10%～20%生石灰乳剂、1%～10%漂白粉澄清液,1%～4%氢氧化钠(火碱)溶液,适于牛舍、场地消毒,一般每平方米面积用药量为1升。②2%氢氧化钠溶液是用于消毒池的药液,2%热氢氧化钠溶液是用于牛舍、车船、粪便等的消毒,消毒后用清水冲洗干净。③3%～5%来苏儿溶液是用于牛舍、用具、污物的消毒。

**4. 生物热消毒**　主要用于污染粪便的无害化处理。在粪便堆沤过程中,利用粪便中的微生物发酵产热,可使温度高达70℃以上。经过一段时间,可以杀死病毒、细菌(芽孢菌除外)、寄生虫卵等病原体而达到消毒的目的。

**(三)消毒制度**

**1. 环境消毒**　牛舍周围环境及运动场每周用2%氢氧化钠溶液或撒生石灰消毒1次;场周围、场内污水池、下水道等每月用漂白粉消毒1次;在大门和牛舍入口设消毒池,车辆、人员都要从消毒池经过,使用2%氢氧化钠溶液消毒,消毒池内的药液要经常更换。

**2. 人员消毒**　外来人员严禁进入生产区,必须进入时应彻底消毒,更换场区工作服和工作靴,且必须遵守牛场卫生防疫制度;工作人员进入生产区应更衣、手臂消毒和紫外线消毒,禁止将工作服穿出场外。

**3. 牛舍消毒**　牛舍要保持干净,经常清扫,每季度用生石灰或来苏儿消毒1次,每年用火碱液消毒1次,饲槽及用具要勤清洗,勤消毒。牛只下槽后应进行彻底清扫,定期用高压水枪冲洗墙壁和厩床,并进行喷雾消毒或熏蒸消毒。

**4. 用具消毒** 定期用0.1%新洁尔灭溶液或0.2%～0.5%过氧乙酸溶液对饲喂用具、饲槽、饲料车等进行消毒；日常用具，如兽医用具、助产用具、配种用具等在使用前后均应进行彻底清洗和消毒。

**5. 带牛环境消毒** 定期用0.1%新洁尔灭溶液、0.3%过氧乙酸溶液、0.1%次氯酸钠溶液等进行带牛环境消毒，有利于减少环境中的病原微生物，防止疫病的发生。

**6. 牛体消毒** 助产、配种、注射及其他任何对牛接触操作前，应先将有关部位进行消毒擦拭，以减少病原体的污染，保证牛体健康。

## 二、建立系统的防疫、驱虫制度

### (一)疫病报告制度

发现异常牛后，饲养人员应立即报告兽医人员，兽医人员接到报告后应立即对病牛进行诊断和治疗；在发现传染病和病情严重时，应立即报告相关部门，并提出相应的治疗方案或处理方案。

### (二)新引入肉牛和病牛隔离制度

肉牛场应建立隔离圈，其位置应在牛场主风向的下方，与健康牛圈有一定的距离或有墙隔离。新引入种用肉牛应在隔离圈内隔离饲养2个月，确认健康后才能与健康牛合群饲养。病牛进入隔离圈后应由专人饲喂，严禁隔离圈的设备用具进入健康牛圈；饲养病牛的饲养员严禁进入健康牛圈；病牛的排泄物应经专门处理后再用作肥料；兽医进出隔离圈要及时消毒；病牛痊愈后经消毒后方可进入健康牛圈；不能治愈而淘汰的病牛和病死牛尸体应合理处理，对于淘汰的病牛应及时送往指定的地点，在兽医监督下加工处理；死亡病牛、粪便和垫料等送往指定地点销毁或深埋，然后彻底消毒。

禁止从疫区购牛；引进种牛前，须经当地兽医部门对口蹄疫、结核病、布鲁氏菌病、蓝舌病、地方流行性牛白血病、副结核病、牛传染性胸膜肺炎、牛传染性鼻气管炎和黏膜病进行检疫，签发检疫证明书；引进育肥牛时，必须对口蹄疫、结核病、布鲁氏菌病、副结核病和牛传染性胸膜肺炎进行检疫。

**（三）严格消毒与杀虫制度**

谢绝无关人员进入牛场，工作人员进入生产区要更换工作服；消毒池的消毒药水要定期更换；车辆与人员进出门口时，必须从消毒池上通过。为了预防和扑灭肉牛疫病，肉牛场应做好杀虫工作。杀虫的方法很多，可根据不同的目的、条件，分别采用物理杀虫、生物杀虫或药物杀虫的方法。

鼠类是很多种肉牛传染病的传播媒介和传染源，可以传播的传染病有炭疽、布鲁氏菌病、结核病、口蹄疫、牛巴氏杆菌病等。灭鼠应从两方面进行：一方面是应从牛舍建筑和卫生措施方面着手，如经常保持牛舍及周围地区的整洁，使老鼠得不到食物；墙基、地面、门窗等方面都应力求坚固，发现有洞及时堵塞；另一方面，采用直接杀灭老鼠的方法，即器械灭鼠和药物灭鼠。

**（四）定期进行预防接种制度**

牛场应根据《中华人民共和国动物防疫法》及其配套法规的要求，结合当地的实际情况，有选择地进行疫病的预防接种工作，而且应注意选择适宜的疫（菌）苗、免疫程序和免疫方法。

**1. 定期监测**　配合畜牧兽医行政部门定期监测口蹄疫、结核病和布鲁氏菌病，出现疫情时，采取相应净化措施。新引入肉牛隔离饲养期内采用免疫学方法，检疫2次结核病和布鲁氏菌病，结果全部阴性者，方能与健康牛合群饲养。

**2. 布鲁氏菌病免疫**　犊牛6月龄使用布鲁氏菌19号菌苗第一次接种，18月龄再次接种。在防疫工作中，还应注意有关人员的自身防护。

**3. 口蹄疫免疫**　每年春、秋两季各用当地和邻近地区流行本病毒的毒型(一般是O型、亚洲Ⅰ型和A型)的口蹄疫弱毒疫苗接种1次,肌内或皮下注射,1～2岁牛1毫升,2岁以上牛2毫升。注射后,14天产生免疫力,免疫期4～6个月。

**4. 狂犬病免疫**　在狂犬病多发地区,皮下注射狂犬病疫苗25～30毫升,每年春、秋各1次。

**5. 魏氏梭菌病免疫**　皮下注射5毫升魏氏梭菌病灭活菌苗,免疫期6个月。

**6. 犊牛副伤寒免疫**　母牛分娩前4周,根据菌苗生产说明,注射犊牛副伤寒菌苗。

**7. 犊牛大肠杆菌病免疫**　母牛分娩前2～4周,根据菌苗生产说明,注射犊牛大肠杆菌病菌苗。

### (五)定期驱虫制度

驱虫对于增强牛群体质,预防或减少寄生虫病和传染病的发生,具有重要意义,一般每年春、秋两季各进行1次全群驱虫。犊牛在1月龄和6月龄各驱虫1次。依据牛群内寄生虫的种类和当地寄生虫病发生情况选择驱虫药,或按以下方法预防。

**1. 体内寄生虫**　①4～6月龄犊牛用左旋咪唑、芬苯达唑。②配种前30天用左旋咪唑、芬苯达唑驱虫1次。③产后20天用哈罗松或蝇毒灵驱虫1次。

**2. 体内外寄生虫**　①4～6月龄犊牛用阿维菌素驱虫1次。②配种前30天用阿维菌素驱虫1次。

驱虫后排出的粪便应集中处理,防止散布病原体。

### (六)药物预防

对于细菌性传染病、寄生虫病,除加强消毒、免疫注射外,还应注重平时的药物预防,在一定条件下采取药物预防是预防肉牛疫病的有效措施之一。一般用于某些疫病流行季节之前或流行初期。

**1. 药物的使用方法**　用于牛的药物种类很多，各种药物由于其性质和应用目的不同，有不同的使用方法。

(1)混于饲料　这种方法方便、简单、不浪费药物。它适合于长期用药、不溶于水的药物及加入饮水中适口性差的药物，如犊牛断奶前后预防用药。

(2)溶于饮水　把药物溶于饮水中，更方便使用。这种方法适合于短期用药、紧急用药。只适合能溶于水的且经肠道易吸收的药物。

(3)经口投服　直接把药物的粉剂、片剂或胶囊投入牛口腔。这种方法适合于牛的个体治疗。

(4)体内注射　对于难被肠道吸收的药物，为了获得最佳的疗效，常用注射法。常用的注射法是静脉注射、皮下注射和肌内注射。用这种方法可使药物吸收完全、剂量准确，可避免被消化道破坏。

(5)体表用药　如牛患有虱、螨、蜱等外寄生虫，可在体表涂抹或喷洒药物。

(6)环境用药　环境中季节性定期喷洒杀虫剂，以控制外寄生虫及蚊、蝇等。必要时喷洒消毒剂，以杀灭环境中存在的病原微生物。

**2. 药物使用的注意事项**　根据不同牛群的饲养特点和不同疾病，选用药物的种类和使用方法。最好使用毒副作用小、价格较低的药物，注意合理配伍用药，切忌使用过期变质的药物，本着高效、方便、经济的原则建立科学的药物预防措施。

(1)药物的选择　中华人民共和国农业部对无公害肉牛生产中允许使用的兽药种类和使用准则做出了明确规定。允许使用消毒防腐剂对饲养环境、牛舍和器具进行消毒，但不能使用酚类消毒剂；允许使用国家兽药管理部门批准的微生态制剂；抗菌药、抗寄生虫药和生殖激素类药，应严格掌握用法、用量和休药期，未规定休药期的品种应遵循不少于28天；慎用作用于神经系统、循环系统、呼吸系统、泌尿系统的兽药及其他兽药；禁止使用有致畸、致癌和致突变作用的兽药；禁止添加未经国家畜牧兽医行政管理部门批准的《饲料药物添加剂使用规范》以外的兽药品种，禁用未经国家畜牧兽医行政管理部门批准作为兽药使用的药物；禁止使用未经国家畜牧兽医行政管理部门批准的用基因工程方法生产的兽药。

(2)用药注意事项　每一种药物都有它的适应征，在用药时一定要对症下药，切忌滥用，以免造成不良后果；注意剂量、给药次数和疗程，大多数药物1天给药2～3次，直至达到治疗目的。抗菌药物必须在一定期限内连续给药，疗程一般为3～5天。驱虫药等少数药物1次用药即可达到治疗目的。为了提高药效，常将两种以上的药物配伍使用，产生协同作用。但配伍不当，则可能出现疗效减弱即拮抗作用或毒性增加的毒性反应；在用药时必须根据病情的轻重缓急、用药目的及药物本身的性质来确定最佳给药方法。如危重病例宜采用静脉注射或肌内注射；治疗肠道感染或驱虫时，宜口服给药。肉牛出栏前按规定停药。

## 三、疫病扑灭措施

第一，发现疫情，应立即上报有关部门，成立疫病防治领导小组，统一领导动物疫病防制工作。

第二，疫区或疫点应及时封锁隔离。各牛场应根据实际条件，选择适当场地建立临时隔离站。病牛在隔离站内观察、治疗；隔离期间，站内人员、车辆不得回场。疫病牛场在封锁期间，要严格监测，发现病牛及时转送隔离站，要控制牛只流动，严禁外来车辆、人员进场，每隔7～15天全场用2%火碱水消毒，粪便、褥草、用具等要严格消毒、堆积处理，尸体深埋或化制(无害化处理)。必要时可做紧急预防接种。

第三,应在最后1头病牛痊愈、屠宰或死亡后,经过2周再无新病牛出现,全场经全面终末大消毒,报请上级有关部门批准后方可解除封锁。

**思 考 题**

1. 为什么要建立消毒制度？如何进行消毒？
2. 肉牛应当进行哪些传染病的免疫？
3. 为什么要定期驱虫？如何进行？
4. 肉牛使用药物时应注意哪些问题？

# 第六章　肉牛舍建造与设施

## 一、庭院肉牛舍建造

目前,农村肉牛养殖,家庭小规模的饲养,大部分采取庭院养殖方法。牛舍普遍存在着设计不合理,卫生条件差等问题。由于大部分繁殖母牛均采取拴系式饲养方式,造成运动不足,体质较弱,繁殖率低。农村家庭牛舍的建筑要本着造价低、利用率高、便于操作的原则,同时也要考虑卫生条件,有利于牛和人员的健康。做到因地制宜、经济适用。主要有棚式牛舍和舍式牛舍两种。

### (一)单间棚式牛舍

4 头以下肉牛多采用棚式建筑(图 6-1)。在棚内应将牛槽紧贴后墙地面,不设饲喂通道,饲喂时可从牛体旁边通过,这样可将牛棚跨度缩短。牛床长 1.8 米。牛床后设明沟,宽 30 厘米,便于清除粪尿和排水,保持牛床清洁。棚的跨度只需 3.5 米,坐北朝南,棚的前面敞开,前檐高度不宜超过 2.4 米,后墙不宜超过 2.2 米。后墙上可开一窗口,夏开冬闭,夏季能防日晒雨淋,冬季防寒保暖。

### (二)单列式牛舍

庭院养肉牛如在 4 头以上,不超过 10 头时,应采取单列式牛舍(图 6-2)。和单间棚式牛舍所不同的是:在饲槽前设饲喂通道,在粪沟后设清粪通道,以便操作。屋顶可采用双坡式屋顶或单坡式屋顶。牛舍跨度多为 5.5 米,高度为 3.6 米。

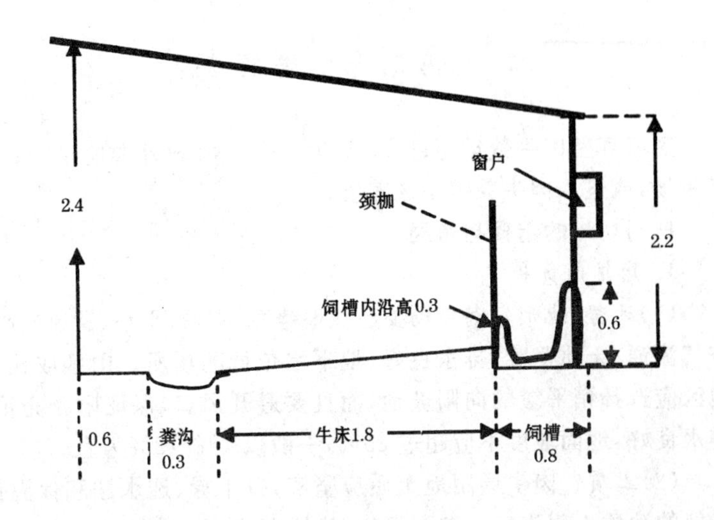


图 6-1 单间棚式牛舍截面示意图 (单位:米)

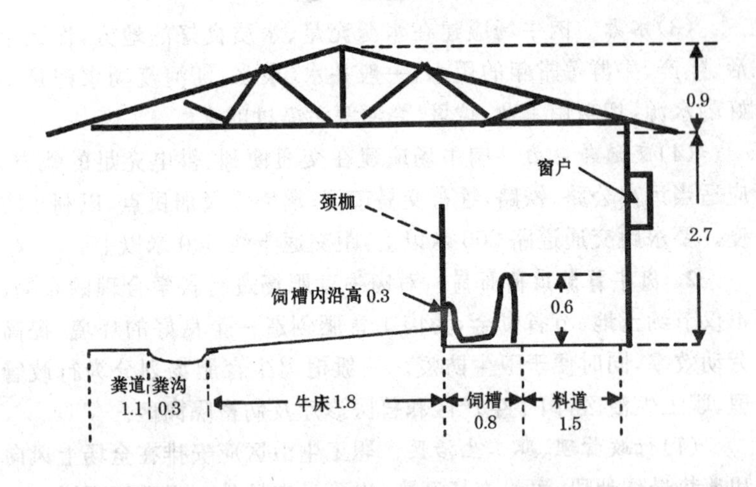


图 6-2 单列式牛舍截面示意图 (单位:米)

## 二、规模化肉牛场的建造

家庭养殖肉牛数量超过10头以上者，应在村外选地建造专业肉牛场，或进入肉牛养殖小区养殖。

**(一)场址的选择与布局**

**1. 场址的选择**

(1)地势、地形　肉牛场要建在地势高、干燥、平坦、背风向阳、空气流通、土质坚实、排水良好、地下水位低的场所。山区或丘陵地区应选择稍平缓的向阳坡地，而且要避开风口，保证阳光充足，排水良好，地面坡度不应超过25%，一般以1%～3%为宜。

(2)土质　肉牛场用地土质应坚实，以干燥、透水性和保温性良好的沙质土壤为宜。被无机物、病原菌或有害寄生虫污染的土壤对肉牛健康和生产不利，不宜建牛场。

(3)水源　肉牛场应建在水源充足、水质良好的地方，保证生活、生产、牛群等常年的用水，一般井水、泉水、江河流动水都是良好的水源，切勿用工业、垃圾、粪便等污染过的水。

(4)交通与电力　肉牛场应建在交通便利、供电充足的地方，应适当远离公路、铁路、牲畜交易市场、屠宰厂及居民点，以利于防疫。要求距交通道路200米以上，距交通干线500米以上。

**2. 肉牛育肥场的布局**　对肉牛育肥场进行科学合理的布局，不仅节约土地、节省资金，为肉牛育肥创造一个良好的环境，提高劳动效率，同时便于卫生防疫。一般把肉牛育肥场划分为行政管理、职工生活区，肉牛生产区和兽医诊疗及病畜隔离区。

(1)行政管理、职工生活区　职工生活区应安排在全场上风向和地势最佳地段，可设在场区内，也可设在场外。行政管理区与外界联系较多，也应安排在上风口，要靠近大门口，以便对外联系和防疫隔离。

(2)肉牛生产区　生产区是肉牛场的主体部分，包括育肥牛舍、饲草饲料库、饲料加工间、青贮及氨化池。如果采取自繁自育形式，还应有母牛舍、犊牛舍、青年牛舍、育成牛舍、产房等。

牛舍应建在牛场中心。修建数栋牛舍时，应采取长轴平行配置，两栋牛舍间距10～15米，这样既便于饲养管理，又有利于采光和防风。

各类牛舍的建造应按下列顺序：犊牛舍建在牛场的上风区，之后依次为青年牛舍、育成牛舍、母牛舍、产房、育肥牛舍。育肥牛舍离场门应较近，以便于出场运输。

饲料饲草加工间及饲料库，要设在下风向，也可设在生产区外，自成体系。饲草饲料库应尽可能靠近饲料加工间，草垛与周围建筑物至少保持50米以上距离，要注意安全防火。

青贮窖、氨化池应设在牛舍两侧或牛场附近便于运送和取用的地方，必须防止舍内或运动场及其他地方的污水渗入。

(3)兽医诊疗室及病畜隔离区　为了防止疾病传播与蔓延，这个区应建在下风向和地势低处，特别是病牛隔离室，至少与牛场保持50米以上的距离。

**(二)牛舍的建造**

建造肉牛舍应力求就地取材，经济实用，还要符合兽医卫生要求，科学合理。有条件的可建造质量好的，经久耐用的牛舍。

**1. 基本要求**

(1)选址与朝向　在干燥向阳、地势高的地方建牛舍便于采光保暖。牛舍要坐北朝南，并以南偏东15°角为好，这在寒冷地区尤为重要。

(2)屋顶　屋顶应隔热保温性能好，结构简单，经久耐用。样式可采用单坡式、双坡式、平顶式等。为了在夏季加强牛舍通风，可将双坡式房顶建筑成“人”字形，“人”字形左侧房顶朝向夏季主风向，双坡式房顶接触处留10～15厘米的空隙。

(3)墙壁　要求坚固耐用和保温性能良好。在寒冷地区还可适当降低墙的高度。砌砖墙的厚度为24～37厘米。双坡式牛舍前后墙高2.5～3米,脊高4.5～5米。单坡式牛舍前墙高3米,后墙高2米。平顶式牛舍前后墙高2.2～2.5米。从地面算起,牛舍内壁应抹1～1.2米高的水泥墙裙。

(4)门与窗　大型双列式牛舍,一般设有正门和侧门,门向外开或建成铁制左右拉动门,正门宽2.2～2.5米,侧门宽1.5～1.8米,高2米。南窗1米×1.2米,北窗0.8米×1米。窗台距地面高度为1.2～1.4米。要求窗的面积与牛舍面积的比例按1∶10～16设计。

(5)地面　可采用砖地面或用水泥抹成的粗糙地面。这种地面坚固耐用、防滑,便于清扫与消毒。

(6)牛床　一般牛床的长度为1.8～1.9米、宽度为1.1～1.2米,床面用水泥抹成粗糙地面,向后倾斜坡度为1.5%。

(7)饲槽　饲槽要求坚固、光滑、清洁,常用高强度混凝土砌成。一般为固定饲槽,其长度与牛场宽度相同,饲槽上沿宽55～80厘米、底部宽40～60厘米,槽底为U形,在槽一端留有排水孔,高槽饲养时前沿高60厘米、后沿高30厘米。目前,大部分小群饲养以及拴系饲养的肉牛采用地面饲喂,一般在牛站立的地方和饲槽间要设挡料坎墙,其宽度为10～12厘米。低槽结构及其尺寸如图6-3。

(8)通道　牛舍内通道主要是料道和粪道。料道是送料及人员通过,其宽度取决于送料工具和操作距离要求来决定,人工推车和三轮车送料时料道宽分别为1.4～1.8米(不含饲槽),TMR饲料车直接送料时,其宽度则为3.6～4.0米(不含饲槽)。粪道主要是运送牛舍内产生的粪便的通道,其宽度应根据清粪工艺和运粪工具设计。

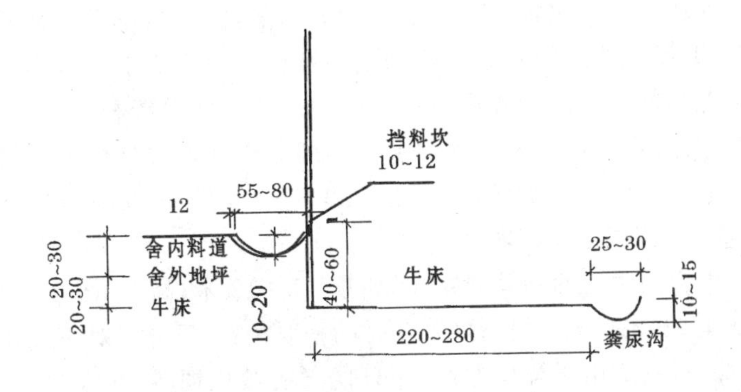


图 6-3　饲槽设计尺寸　（单位:厘米）

(9)粪尿沟和污水池　粪尿沟宽 28～30 厘米、深 15 厘米，倾斜度 1∶50～100。一般要求表面光滑，不渗漏。粪尿沟一直通到室外污水池，污水池要远离牛舍 6～8 米，其容积根据牛的数量而定。舍内粪便必须天天清除，运到远离牛舍 50 米远的堆粪场。

(10)运动场　育成牛和繁殖母牛一般都要设运动场，运动场大小根据牛数量而定，每头牛占用面积约 10 米$^2$。育肥牛一般限制运动，饲喂后拴系在运动场上休息。

**2. 肉牛育肥场建筑类型**

(1)舍饲式育肥场　一般按屋顶的样式分为单坡式、双坡式。按牛舍墙壁分为敞棚式、开敞式、半开敞式、封闭式。按牛床在牛舍内的排列分为单列式、双列式。

①单坡式牛舍　一般多为单列开敞式牛舍，由三面围墙组成，设有饲槽和走廊，在北面墙上开有小窗。多利用牛舍南面空地建运动场。这种牛舍采光好、空气流通、造价低。缺点是舍内温、湿度不易控制，常随舍外气温和湿度的变化而变化，由于三面有墙，冬季可减轻寒风的侵袭。

②双坡式牛舍　牛舍内牛床排列为双列式或多列式，牛体排

列为对头式或对尾式。可以是四面无墙的敞棚式，也可以是开敞式、半开敞式或封闭式。饲槽均设在舍内。敞棚式牛舍适合于气候较温和的地区。开敞式牛舍在北、东、西三面垒墙和设门窗，以防冬季寒风侵袭，如果在南面垒半墙即为半开敞式牛舍。封闭式牛舍适合于较寒冷的地区，所建牛舍四边均有墙，以利于冬季防寒，应注意夏季通风、防暑。

牛舍内牛床两列并列布置，跨度 11～12 米，高 2.5～3.0 米，脊高 4.5～5.0 米。根据牛采食时的相对位置，可分为对头式和对尾式。对头式由于饲喂方便，而且便于机械化饲喂，通常被采用，牛舍中间设一条纵向饲喂通道，牛床长 1.6～1.8 米、宽 1～1.2 米。两侧牛群对头采食，每侧牛床后边设置清粪道。如果牛舍长度较大，可增加横向通道，横向通道的宽度一般为 1.2 米，其平面布局见图 6-4。对尾式牛舍，舍中间设纵向的清粪通道，两侧为饲喂通道。

(2)露天式育肥场　露天育肥也叫围栏育肥，这种育肥场适宜机械化喂料，在北美、澳大利亚、欧洲等牛业发达国家大型育肥场有采用围栏育肥的模式，即用铁丝网、电围栏、栅栏等围成一定的面积，牛群散养，自由采食、自由饮水的一种育肥方式。我国也已经出现了围栏育肥场。

围栏育肥一般占地面积为 250 头/公顷，包含围栏、转牛通道和饲喂走道等，另外每头牛还需配套 0.3～0.5 公顷的耕地，主要为作物种植、粪污收集、处理、消纳用地。

每栏 50～100 头，一般不超过 250 头，占栏面积为 10～25 米$^2$/头(年降水量小于 500 毫米为 10～15 米$^2$/头，500～700 毫米为 16～20 米$^2$/头，大于 700 毫米为 21～25 米$^2$/头)。围栏布局可以是单列或双列。一般规模小于 800 头或者山坡地形选择使用单列围栏，一侧为饲喂走道，另一侧为排水沟，排水方向从饲槽至排水沟方向。多数围栏育肥场采用双列布置，两列围栏共用一条饲喂走道，中间为排水沟，排水方向从中间饲喂走道至两侧的排水沟。精料库、干草棚等饲料加工区域尽量靠近饲养区，运输便利，提高劳动效率。

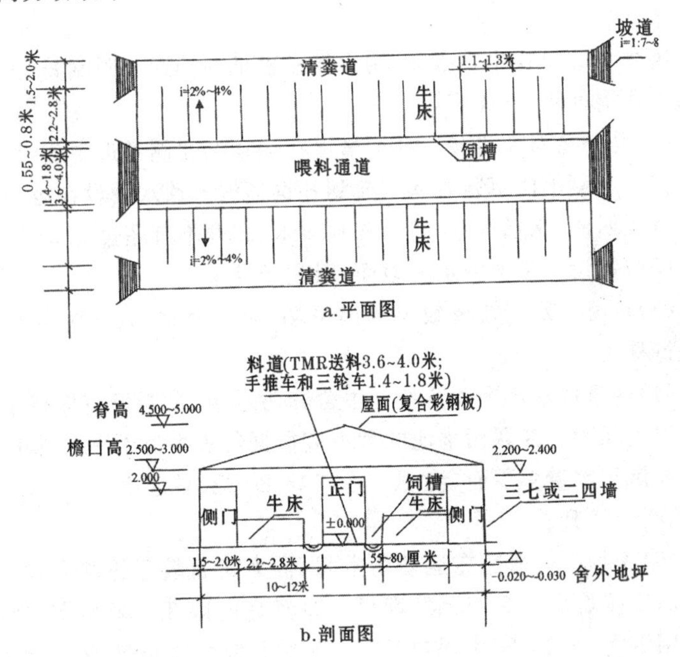


图 6-4 双列式牛舍的平面和剖面图

## (三)养牛设施

### 1. 附属设施

(1)运动场与围栏　犊牛、育成牛和繁殖母牛应设运动场，运动场设在牛舍南面，离牛舍5米左右，以利于通行和植树绿化。运动场地面，以砖铺地和土地各一半为宜，并有1%～1.5%的坡度，靠近牛舍处稍高，东西南面稍低并设排水沟。每头牛需运动场面积:成年牛 20 米$^2$,育成牛和青年牛 15 米$^2$,犊牛 8 米$^2$。

运动场四周设围栏,栏高 1.5 米,栏柱间距 2 米。围栏可用废钢管焊接,也可用水泥柱作栏柱,再用钢筋棍串联在一起。围栏门宽 2 米。

肉牛育肥可在牛舍南面,用水泥柱桩把牛拴起来限制其运动,每头牛所需面积 3～4 米$^2$。

(2)*补饲槽与饮水槽* 补饲槽设在运动场北侧靠近牛舍门口,便于把牛吃剩下的草料收起来放到补饲槽内。饮水槽设在运动场的东侧或西侧,水槽宽 0.5 米、深 0.4 米、高度不宜超过 0.7 米,水槽周围应铺设 3 米宽的水泥地面,以利于排水。

(3)*地磅* 对于规模较大的肉牛场,应设地磅,以便对运料车等进行称重。

(4)*粪尿污水池和贮粪场* 牛舍和污水池、贮粪场应保持 100 米的卫生间距。粪尿污水池的大小应根据每头牛每天平均排出粪尿和冲污污水量多少而定:成年牛 70～80 升、育成牛 50～60 升、犊牛 30～50 升。

(5)*凉棚* 一般建在运动场中间,常为四面敞开的棚舍建筑,建筑面积按每头牛 3～5 米$^2$ 即可。凉棚高度以 3.5 米为宜,棚柱可采用钢管、水泥柱、水泥电杆等,顶棚支架可用角铁或木架等。棚顶面可用石棉瓦、油毡材料。凉棚一般采用东西走向。

(6)*赶牛入圈和装卸牛的场地* 运动场和宽阔的散放式牛舍,人少赶牛很难。圈出一块场地用两层围栅围好,赶牛、圈牛就方便得多。运动场狭小时,可以用梯架将牛赶至角落再牵捉。用 1 米长的 8 号铁丝顶端围一圆圈,钩住牛的鼻环后再捉就容易了。

使用卡车装运牛时需要装卸场地。在靠近卡车的一侧堆土坡便于往车上赶牛。运送牛多时,应制作 1 个高 1.2 米、长 2 米左右的围栅,把牛装入栅内向别处运送很方便,这种围栅亦可放在运动场出入口处,将一端封堵,将牛赶入其中即可抓住牛,这种形式适用于大规模饲养。

(7)消毒池　一般在牛场或生产区入口处,便于人员和车辆通过时消毒。消毒池常用钢筋水泥浇筑,供车辆通行的消毒池,长4米、宽3米、深0.1米;供人员通行的消毒池,长2.5米、宽1.5米、深0.05米。消毒液应保持经常有效。人员往来在场门两侧应设紫外线消毒走道。

**2. 常用器具和设备**

(1)管理器具　无论规模大小,管理器具必须齐备。管理用具种类很多,主要的有:牛刷拭用的铁挠、毛刷,拴牛的鼻环、缰绳、旧轮胎制成的颈圈(特别是拴系式牛舍),清扫牛舍用的叉子、三齿叉、翻土机、扫帚,测体重的磅秤、耳标,削蹄用的短削刀、镰、无血去势器、体尺测量器械等。

(2)饲料加工机械

①铡草机　也称切碎机。主要用于牧草和秸秆类干饲料的切短,也可用于铡短青贮原料。铡草机按机型大小分大型、中型、小型3种;按切碎器形式又分为滚筒式和圆盘式两种,小型以滚筒式为多,大中型为了便于抛送青贮饲料,一般都为圆盘式;按喂入方式不同分为人工喂入式、半自动喂入式和自动喂入式;按切碎段处理方式不同分为自落式、风送式和抛送式3种。选择铡草机需特别注意:切割段长度可以调整(3～100毫米);通用性能好,可以切割各种作物秸秆、牧草等;能把粗硬的秸秆压碎,切茬平整无斜茬;结构简单,调整和磨刀方便。制造商有山东省肥城铡草机厂、北京嘉亮林海农牧机械有限责任公司(大兴区榆垡镇)、河北省唐县第二机械厂、西安市畜牧乳品机械厂等。

②揉搓机　揉搓机是介于铡切与粉碎两种加工方法之间的一种新机械,把物料切断,揉搓成丝状,经出料口送出机外。制造商有北京嘉亮林海农牧机械有限责任公司、赤峰农机总厂、黑龙江安达市牧业机械厂等。

③粉碎机　目前国内生产的粉碎机类型有锤片式、劲锤式、爪式和对辊式 4 种。

锤片式粉碎机是一种利用高速旋转的锤片击碎饲料的机器。生产效率高，适应性广，既能粉碎谷物类精饲料，又能粉碎含纤维、水分较多的青草类、秸秆类饲料，粉碎粒度好；劲锤式粉碎机与锤片式类似，不同之处在于它的锤片不是用销连接在转盘上，而是固定安装在转盘上，所以它的粉碎能力更强些；爪式粉碎机是利用固定在转子上的齿爪将饲料击碎，这种粉碎机结构紧凑、体积小、重量轻，适合于粉碎含纤维较少的精饲料；对辊式粉碎机是由 1 对旋转方向相反、转速不等的带有刀盘的齿辊进行粉碎，主要用于粉碎油料作物的饼粕、豆饼、花生饼等。生产厂家有北京市通州区粉碎机厂、北京燕京畜牧机械公司、黑龙江省庆安农牧机械厂、山东省泰山农牧机械厂、呼和浩特畜牧机械研究所等。

④小型饲料加工机组　主要由粉碎机、混合机和输送装置等组成。其特点是：生产工艺流程简单，多采用主料先配合后粉碎再与辅料混合的工艺流程；多数用人工分批称量，只有少数机组采用容积式计量和电子秤重量计量配料，添加剂采用人工分批直接加入混合机；绝大多数机组只能粉碎谷物类原料，只有少数机组可以加工秸秆料和饼类料；机组占地面积小，对厂房要求不高，设备一般安置在平房建筑物内。小型饲料加工机组有每小时产 0.1 吨、0.3 吨、0.5 吨、1 吨、1.5 吨，可根据需要选购。生产厂家有江西红星机械厂、北方饲料粮油工程有限公司、河北亚达机械制造有限公司等。

⑤TMR 饲喂车　主要由自动抓取、自动称量、粉碎、搅拌、卸料和输送装置等组成。意大利龙尼法斯特和意大利司达特公司都是生产饲料搅拌喂料车专业公司，生产 40 多种规格和不同价位产品，其中有卧式全自动自走系列和立式全自动自走系列，可以自动抓取青贮饲料、自动抓取草捆、自动抓取精料、啤酒糟等，可以大量

减少人工，简化饲料配制及饲喂过程，提高肉牛饲料转化率。

北京现代农装科技股份有限公司畜禽机械事业部生产的移动式牛饲料搅拌喂料车和牵引式立式牛饲料搅拌喂料车，也可以满足不同牛场生产的需要。

（3）牛舍通风及防暑降温设备　牛舍通风设备有电动风机和电风扇。轴流式风机是牛舍常见的通风换气设备，这种风机既可排风，又可送风，而且风量大。电风扇也常用于牛舍通风，一般以吊扇多见。

牛舍防暑降温可采用喷雾设备，即在舍内每隔 6 米装 1 个喷头，每个喷头的有效水量为每分钟 1.4～2 升，降温效果良好。目前，有一种进口的喷头喷射角度为 90°和 180°，喷射成淋雾状态，喷射半径 1.8 米左右，安装操作方便，并能有效合理地利用水资源。喷淋降温设备包括：PVC、PE 工程塑料管、球阀、连接件、进口喷头、进口过滤器、水泵等。安装一个 80 头肉牛舍需投资 1 300 元（不包括水泵），生产厂家有北京嘉源易润工程技术有限公司等。一般常用深井水作为降温水源。

**思 考 题**

1. 如何进行肉牛场址的选择？
2. 肉牛育肥场应如何布局？
3. 肉牛育肥场建筑类型包括哪些？